NF文庫
ノンフィクション

急降下!

突進する海軍爆撃機

渡辺洋二

はじめに

航空機から爆弾を投下し、目標に当てて破壊するのが爆撃である。爆撃は、同一高度を直線飛行しつつ投弾する水平爆撃と、高度を下げながら投弾する降下爆撃に分けられる。おおむね、水平爆撃は大規模目標向きで、弾数は比較的多いが特定部分への命中率が低く、降下爆撃は小規模目標向きで、一発必中的な要素が強い。

降下爆撃は降下角度が浅ければ水平爆撃に近く、角度が深まるほどその特性がきわ立ってくる。日本海軍では四五度未満を緩降下《かんこうか》爆撃、四五度以上を急降下爆撃に区分した。四五度の降下は慣れない者にとっては垂直に落ちていく感じだ。

海軍のいちばんの爆撃目標は、航行する軍艦だった。数千メートルの上空から見ると小さく、右に左に動きまわり、しかも分厚な装甲をほどこした敵艦を攻撃するには、急降下爆撃の方が効率がいい。追尾しつつピンポイントの照準を合わせられ、降下速度が加わって爆弾の威力が増大するからだ。

そこで日本海軍は、急降下爆撃こそ代表的爆撃法とみなして、これをできる飛行機だけに爆撃機の呼称を与え、浅い緩降下爆撃止まりの攻撃機（雷撃も担当）と区別した。陸軍がどちらも爆撃機と呼び、別に襲撃機のカテゴリーを設けたのと異なっている。

急降下爆撃を実施した海軍制式機は、九四式、九六式、九九式艦上爆撃機、艦上爆撃機「彗星《すいせい》」、陸上爆撃機「銀河」、陸上哨戒機「東海」、艦上攻撃機「流星」、水上偵察機「瑞《ずい》雲《うん》」の八種類がある。急降下も雷撃もでき〝攻爆撃機〟と称されるべき「流星」についてはNF文庫既刊の『敵機に照準』に掲載の〔流星の名のごとく〕で、「瑞雲」も同じく『異なる爆音』内の〔「瑞雲」偵察席から〕で記述したため、ともに今回は除外し、六種類の爆撃機の戦いぶりにしぼった。

新たに加えたのは零戦だ。戦闘爆撃機と呼ばれ、二五〇キロあるいは五〇〇キロ爆弾を抱いて、当初は艦爆の代役、ついで代表的特攻機として敵艦への突入を試みた。

効率は高いが、肉体的負担、被弾の危険度が大きな急降下爆撃。その熾烈《しれつ》な戦闘に身を投じ、あるいは支援した人々の実際を、理解願えれば幸いである。

＊本文中で「　」内の〔　〕は話し手が省略した言葉、（　）は著者の補足。

急降下！——目次

急降下！

突進する海軍爆撃機

複葉艦爆と大陸の空

——艦上爆撃機はいかに育ったか

戦力化に至るまで

米海軍がパイオニア

カリブ海周辺、中央アメリカのゲリラを殺傷するために、小型爆弾による降下爆撃と地上銃撃に適し、事態・状況の観測にも便利な単発の複座戦闘機。一九二七年（昭和二年）にそんな機材を欲しがる米海兵隊の表明が、〝艦上爆撃機誕生のきっかけ〟と言えなくもない。

カーチス社がこれに応じて審査をパスし、一九二八年三〜四月にF8C－1とF8C－3を引きわたしたが、両型とも急降下爆撃機と称しうるレベルには遠かった。

翌一九二九年に試作機が飛び、三〇年に生産機が登場した改良型のF8C－4が、まがりなりにも艦爆の始祖だった。どのくらいの角度か不明だが急降下が可能な機体強度があって、爆弾は胴体下に五〇〇ポンド（二二七キロ）一発か、翼下に一一六ポンド（五三キロ）二発を積める。固定機銃は七・六二ミリ二梃が下翼に取り付けられた。

艦爆の始祖たる判然とした証明は、一九三〇年の八月に空母「サラトガ」に搭載の海軍実戦部隊・第1戦闘飛行隊に配備され、非公式ながら「ヘルダイバー」の愛称が与えられた事実だ。機名と部隊に付いた「F」は、この機種の第一義が戦闘機にあったことを示す。

しかし、多用途性を有するとはいえ、肝心の戦闘機としての飛行性能が単座機に劣る単発複座戦が、米海軍にすぐに見限られたのは当然だ。けれども戦法のほうは、確固とした方向へ拡大する。

逃げまわる人間に対し降下銃爆撃が有効ならば、これまでの水平爆撃では容易に命中弾を与えられなかった、回避行動中の軍艦に対しても、爆撃機に急降下で大型爆弾を投下させて効果を上げられるはずだ。水平爆撃にくらべ、ずっと少ない機数でより多くの命中弾を、しかも加速による威力増とともに得られよう。

米海軍／海兵隊における艦上爆撃機の発想は、こうして一九二〇年代の末に形成された。そして一九三〇年代前半のうちに、単発複座戦からの派生とも見なしうる三種の単発機が登場してくる。

まず最初が、一〇〇〇ポンド（四五四キロ）の大型爆弾を積める急降下爆撃専門の、やや大型の複座機「B」で、一九二九年に試作発注がなされ、三一年にマーチンBM－1が採用になった。Bの機材は四〇年まで空母で運用され、その特長は後述の「SB」に盛りこまれていく。

1931～32年(昭和6～7年)、急降下爆撃を専門とする初の艦上機であるマーチンBM－1の編隊飛行。搭載艦の空母「レキシントン」が遠くに見える。1個小隊3機は日本海軍も同じ。

二つ目は、五〇〇ポンド爆弾を搭載しての降爆能力をもつ単座戦に、付けられた新名称で、戦闘爆撃機を意味する「BF」シリーズ。一九三二年にカーチスF11C－2を新たにBFC－2に改称し採用ののち、五～六年の短命でこの機種は消える。

もう一つは、F8Cの直系とも言うべき複座の偵察爆撃機。搭載爆弾は五〇〇ポンドのままで、強行索敵にも向くよう機動力に富む軽快機。初代のボートSBU－1は一九三三年に初飛行し（このときの名称はXF3U－1）、三五年に量産機発注。この「SB」の系統が以後、米海軍／海兵隊の艦爆の座を占めていく。

つまり、いくばくかの試行をへて、米海軍は

上：第１戦闘〔爆撃〕飛行隊に所属する、精悍なスタイルのカーチスF11C－2「ゴスホーク」。1933～34年の撮影。輸出型の「ホーク」Ⅱと引き込み脚の「ホーク」Ⅲを中国が採用する。下：ヴォートSBU－1は米海軍の初代の正統派艦上爆撃機だった。1935年11月から1940年まで空母に搭載の索敵飛行隊で使われている。飛行性能は九六式艦上爆撃機よりも若干まさった。

米海軍の影響を受けて中島に試作発注された、多用途の六試複座戦闘機。中途半端な性能のために採用にいたらず、朝日新聞社で連絡に使われた。

一九三〇年代のなかばには、まったくの自力で機材としての艦爆をほぼ確立させた。同時に、爆弾は一〇〇〇ポンド級とし、搭載機数は雷撃・水平爆撃の艦上攻撃機よりも艦爆を重視、といった武装や運用法についても定義づけていく。

国産特爆ものにならず

F8CからグラマンFFへつながる米海軍の単発複座戦の流れは、空母航空兵力の育成に努力する日本海軍にも波及した。機材関係の行政をつかさどる航空本部が、昭和六年（一九三一年）に中島飛行機に試作を発注した、六試艦上複座戦闘機がそれだ。

七・七ミリ固定機銃二梃を備え、急降下爆撃による小型爆弾の投下能力に加えて、外形もF8Cと類似しており、影響の濃さが歴然とする。艦上戦闘機と艦上攻撃機をイギリスに学んできた日本海軍が、英海軍が持たない機種の範をアメリカにとろうとしたのは、むしろ当然のなりゆきだった。

米海軍に捨てられた単発複座戦は、日本でも同じ運命をたどった。航空本部は六試のあともう一つ、八試艦上複座戦闘機を中島に作らせたが、満足な結果が出ず、以後この機種の開発を断念した。

アメリカの進み方の後追いで、続いて航空本部の関心は降爆専門機へと移行する。編隊による投弾なので必ずムダな爆弾が出、しかも照準が困難な水平爆撃とは、異質の攻撃法だからだ。

カーチス社などの見学のほか、おそらく米海軍のBシリーズの存在を見聞したであろう海軍技術研究所（航空廠の前身の一部）の長畑順一郎技師は、複葉複座の急降下爆撃機の基本設計を手がけ、昭和六年に中島が細部設計および試作にかかった。翌七年十一月に完成したこの六試特殊爆撃機は、安定性、操縦性に劣り、テスト飛行中に墜落、失敗作に終わった。長畑技師と中島は改良型の七試特殊爆撃機を設計。昭和八年に作られたが、これも成功作には届かなかった。

重い爆弾を抱いて深い角度で降下し、投弾後に大きなGにあらがって引き起こすから、各機種のうち最高の機体強度が必要だ。降爆時の安定性が必須なのに加えて、ひととおりの特殊飛行をこなせねばならず、それも戦闘機に準じるレベルを要求された。つまり構造的にも空力的にもひどく難しい飛行機なので、充分な技術的蓄積が欠かせず、昭和ひとけたの日本の設計者の手にあまって不思議はない。

昭和七〜八年に横須賀航空隊の戦闘機分隊が実施した、九〇式艦上戦闘機を中心にした各種艦戦の性能比較テストはあちこちに書かれてきた。しかし、これよりさきの七年初めから年末までの間、同分隊によって実施された、神奈川県辻堂《つじどう》の海岸における降爆テストの具体的状況は知られていないようだ。

おもに搭乗したのは分隊士・源田實《げんだみのる》大尉、間瀬《ませ》平一郎一空曹（一等航空兵曹）、青木與《あとう》一空曹の三名。献納機の式典で編隊アクロバット飛行をやってみせる源田サーカスとして名高いメンバーだ。戦後、源田氏が列機の二人を「努力型で闘志満々たる間瀬」「多分に天才的な素質を持つ青木」と高く評している。

艦爆乗りが海軍に一人もいないこのとき、急機動になれた戦闘機搭乗員がテストにあたるのは順当と言えた。

使用機はアメリカ製のボートO2U-1「コルセア」観測機一機と、イギリス製のブリストル「ブルドッグ」IIA戦闘機二機。「ブルドッグ」の一機は、特爆すなわち急降下爆撃機仕様に改造してあった。もう一機は改造の有無は不明だが、それぞれ特一、特二と呼ばれた。

昭和四年に輸入されたO2U-1は速度と運動性がなかなか優秀だったので、横空では艦戦のテスト機材として扱っていた。機体強度があり、翼下に一一六ポンド爆弾四発を付けられたため、今回の特爆テストに引っぱり出されたのだ。

「ブルドッグ」は改造にまわされていたらしく、昭和七年一月〜三月はもっぱら「コルセア」を使用。まず急降下を一ヵ月間くり返し、二月からは辻堂海岸に標的を置いて、一キロ演習爆弾でねらう降爆テストに移行した。

特一、特二が加わったのは、航空廠（のちの航空技術廠）が新設された四月だ。二機とも航空廠飛行実験部の保有機とされていた。

戦闘機乗りの急降下

日本海軍は急降下爆撃について、なんらデータを持っていない。どのくらいの角度で、どんなぐあいに降下すれば命中するのか、を探るのが主目的。

降下角は九〇度から始めた。高度三〇〇〇メートルあたりから突っこんで四〇〇メートルで引き起こし。五〜六G、すなわち普段の五〜六倍もの荷重がのしかかるが、青木一空曹は「平気だった」。ただし、飛ぶことが大好きな彼にとってすら、フルスロットルでパワーダイブして初めて終速（降下時に達する最大速度）を計ってみるのは、未知の機動なので、いささか恐れをともなった。

九〇度の垂直降下は意外に難しい。操縦桿を前へ押していないと、主翼の揚力のおかげで機首が上がってきてしまう。特爆／「ブルドッグ」は戦闘機としての格闘戦のさいには、両

このブリストル「ブルドッグ」Ⅱ戦闘機を改修したⅡＡは急降下爆撃機なみの機体強度をそなえていた。輸入した日本海軍は改造を加えて特爆仕様とし、大角度の降爆テストに用いた。

手で引かねばならないほど舵が重いけれども、こんなときにはかえって都合がいい。機体強度に対する心配はまったくいらなかった。終速は四六〇～五〇〇キロ／時と分かった。

真っ逆さまに降下できれば、翼下から放つ爆弾はたいてい当たりそうに思えたが、風が少しでもあると機がスピンに入るため、どうしても弾道が狂う。そのうえ機銃用の射撃照準器を使うからさらにズレが出て、「二〇〇～三〇〇メートル離れたところに爆弾が落ちました」と青木さん。沖にクジラが出たとき、「訓練の成果を示そう」と源田大尉、間瀬、青木両一空曹の三人が、それぞれの機の一キロ爆弾で降爆をかけた。九〇度か、それに近い深い角度で降下して、全弾とも大はずれの結果に終わった。理由は明白だ。

試行錯誤ののちに、適正降下角が割り出された。浅い角度の緩《かん》降下では当てにくいうえ、対空弾幕に食われやすい。深すぎてもクジラのときのように命中困難。六〇度前後が良好との判定だった。風下方向へ降下に入れ、この角度で接敵すれば狙いやすく、かつ投弾後の引き起こしも容易だと分かった。

これらのテストは、横空での戦闘機性能審査の合間に進められた。四月にイギリス製のホーカー「ニムロッド」艦戦に搭乗し始めたとき、機体が弱そうなので、降爆を試そうという声は上がらなかった。

彼らのゼロからの探求によって、水平爆撃とはまったく異質の、特爆による急降下爆撃の有効性が判然とした。指揮をとった源田氏は、研究結果を以下のように著書に記している。

①追い風での降下が向かい風よりも命中精度がいい。

②降下角は五〇〜七〇度が適切。

昭和８年の夏、鹿児島県鹿屋基地で展示飛行のさいの源田サーカス。手前は左から青木與一空曹、源田實大尉、軍令部から視察にきた永野修身中将、間瀬平一郎一空曹。

③まず降下姿勢を安定させ、高度一五〇〇メートルあたりで照準を開始。次第に精度を高めて、五〇〇メートルで投弾する。

これらのノウハウは航空本部に提出された。航本はこれを踏まえて、新たな試作機材を求めようとする。

原型２号機のハインケルHe50aLは、イギリスからライセンス生産の「ジュピター」Ⅳエンジンを装備した。木製４翅プロペラと武骨な主脚が特徴で、1932年(昭和７年)晩秋に完成。

ハインケルに期待して

六試、七試が中島一社への発注だったのに対し、昭和八年の八試特殊爆撃機は中島のほかに、愛知時計電機が加えられ、競作のかたちを呈した。

ふたたび航空廠の応援を得た中島が、七試の性能向上型をめざして昭和九年三月に完成させた八試特爆は、前作で指摘された安定性の不足を解消できず、愛知の試作機に敗れた。かたや受注を勝ち取った愛知は、のちに「艦爆の愛知」の名声を得る基盤を築き始める。

よく知られているように、愛知の作品はオリジナル設計機ではなかった。水上機を主体に作ってきた同社が、技術および機体の提供を受けていたドイツのハインケル航空機社から購入した機を、手直ししたものだった。

ハインケルが作った複葉の急降下爆撃機Ｈｅ50とその購入経過については、同社およびドイツ側の説と、愛知および日本海軍側の説とが、なぜかかなり食い違っている。

前者によれば、ハインケル社は一九三一年（昭和六年）早々に日本海軍から、二五〇キロ爆弾を搭載可能な複座の急降下爆撃機の試作発注を受けた。しかも車輪とフロートをすげ替えられる水陸コンバーチブル機としてだ。

初めに製作にかかり、三一年の夏に完成したのは、離昇出力三九〇馬力の水冷エンジンを付けた水上機タイプのHe50aW。続いて作られた陸上機タイプのHe50aLの動力は、離昇四九〇馬力のジーメンス社製「ジュピター」Ⅳ空冷エンジン（原設計は英ブリストル社）。陸上機のほうは単座仕様にすれば、五〇〇キロ爆弾の懸吊もできた。

翌一九三二年に、ハインケル社工場があるヴァルネミュンデ付近の川で、五〇〇キロのコンクリート塊を浮き標的に当てるテストが実施された。

主脚を改設計し、機体の一部に手を加えた、陸上機タイプの二号機He50bが、三二年の秋にでき上がった。輸出用呼称をHe66というこの機が日本海軍に受領され、一九三三年の早い時期に愛知社へ向けて船積みされた。これがドイツ側の説。

〔He66一二機が中国国民政府へ輸出されたり、ドイツ空軍も採用して第二次大戦中に東部戦線で夜襲に使ったりしたのは、また別の話だ。〕

一方、日本側の説は、航本から八試特爆の試作を受注した愛知が、かねて懇意のハインケル社が製作したHe50に目をつけ、手本にすべく昭和八年（一九三三年）に一機を発注。ハインケルはHe50に手を加えたHe66（降着装置は水陸換装可能）を送ってきた、というもの。早い話が、ドイツ側は日本海軍の要求でHe50の開発にかかったと言い、日本側は既存のHe50に愛知が目を付けて購入したと説明している。したがって、発注時期に二年もの開きが生じるのだ。

推測だがドイツ側の説は、社長で設計主務者のエルンスト・ハインケル博士の回想を軸にしているように思える。愛知同様、ハインケル社も戦後に、正確な社史を残せるだけの書類、資料を持たなかったのではないか。日本海軍と接触の機会をなんども持った博士が、記憶をいささか混同したために、異説ができたと筆者は判断する。

こんな購入手順にこだわるのは、He66が日本艦爆の原点だからだ。

最初の艦爆は九四《きゅうよん》式

これこそ正解、と思える記録を、航本の技術系将校でこのとき渡独していた佐波《さば》次郎氏が書き残している。以下、おもに佐波手記にそって記述する。

He50の実質的な試作発注者は実は海軍（航本）で、愛知は試作機購入以後の改修と生産を担当するのが役目だった。まだドイツが再軍備を宣言する前なので、一九三三年の発注は極秘のうちになされ、ヴァルネミュンデの工場では表向きは郵便機の名目で製作された。

海軍の要求仕様は、二五〇キロ爆弾を搭載して垂直に近い降爆が可能、制限速度（終速）

ジーメンスSAM22Bエンジンに金属製３翅プロペラを装備した、生産型のHe50A複座爆撃機。日本に輸入されたHe66は単座仕様で、木製２翅プロペラを付けていた点が異なる。

は二七〇ノット（五〇〇キロ／時）といったあたり。一号機は三三年の年末に完成し、飛行性能テストに続いて、翌一九三四年の一月中旬、最も重要な急降下投弾テストの実施にいたる。

ハインケル博士以下の会社幹部、航本職員、三木鉄夫技師ら愛知のスタッフが見上げるうちに、湖に向かって垂直に突っこんできた単座のＨｅ50（Ｈｅ66？）は、高度二〇〇〇メートルあたりで二五〇キロのコンクリート製模擬爆弾を投下。ハインケル社考案の投弾アーム（投下誘導枠）でプロペラ圏外へ導かれた模擬弾が、湖面をおおう氷を粉砕し、テストの成功を告げた。

佐波手記によっても、「始めにＨｅ50ありき」なのか「海軍の発注がＨｅ50を生んだ」のかは判然としない。ほぼ確実なのは、航本が中島の試作機に期待しなかった判断である。特爆はまだ日本では作れない、と踏んでのハインケル社発注だったのだ。

事実、投弾テストの成功直後に、航本は愛知のスタッフに増加試作機を発注している。

愛知の五明《ごめい》得一郎技師は「中島の方でやっているところへ、これが飛び入りした。非常に操縦性がよくて、急にこちらが採用になってしまった」と回想している。いまとなっては詳細を問い直せはしないが、いかにも意味深長な言葉だ。

船載で届いたＨｅ66を名古屋の愛知社工場（おそらく本社の永徳工場）に搬入し、五明技師の担当主務で改造作業にとりかかる。単座の胴体を複座に直し、エンジンを離昇六〇〇馬力のジーメンスＳＡＭ22Ｂ（五明技師の記憶では「ジュピター」）から五八〇馬力の中島「寿《ことぶき》」二型改一に換装した。

海軍が装備した九四式艦上爆撃機。２翅プロペラとエンジンをおおうタウネンドリングを除けば、He50Aとほぼ同じ外形だ。国民の醵金(きょきん)で献納された新品の「教育号」。

胴体は鋼管熔接構造に木製整形材を付けて羽布《はふ》張り、二本桁《けた》式の羽布張り木製翼で、翼間支柱と張り線がやたらに多い。まったく目新しさのない機体ながら、航空廠と中島が実現できなかった急降下時の安定性を、あっさりものにしたのは、さすがにハインケルの力量だった。機体強度や操縦特性など、実用面でも問題が出るような箇所は見当たらなかった。

八試特爆の競作に勝つべくして勝った愛知機は、昭和九年十二月に制式兵器として採用が決定。九四式艦上軽爆撃機（Ｄ１Ａ１）の呼称が与えられ、やがて

「軽」が外れて九四式艦上爆撃機に落ちつく。略称は九四艦爆である。

九四艦爆の主翼は木製のHe66とは異なり、鋼管の主桁にジュラルミンの小骨を配し、羽布が張られた。尾そりを尾輪に換え、エンジンの周りにタウネンドリングを装着。木製二翅プロペラはアルミ合金製に。機体に銀塗料をかけ、日の丸を塗ると、なかなかまとまった感じに仕上がった。

生産は昭和九年度（九年四月〜十年三月）に一機、十年度二二機、十一年度六〇機、十二年度八〇機の合計一六三機。九年度の一機はHe66の改造機のようにも思える。

速度はそこそこ、頑丈一辺倒の九四艦爆は、急降下爆撃を初めて体得するのにまことに好適だった。日本海軍はこの機材を使ってどのように訓練し、戦ったのか。

艦爆隊、「龍驤《りゅうじょう》」にうぶごえ

ワシントン条約の制限外航空母艦として、昭和八年（一九三三年）の春に竣工した「龍驤」。重巡洋艦級の船体を用いた基準排水量八〇〇〇トン（公試排水量一万一七〇〇トン）の小型艦で、飛行甲板の長さは一六〇メートル足らずの短さだ。

昭和九年十二月に制式兵器に採用された九四艦爆の実用テストにさいし、この「龍驤」が搭載艦にあてられた。

新型機、それも運用未経験の機種だから、安全面を考えて、保有四隻のうち「赤城」「加

雪上試験中の九〇式二号艦上偵察機三型。特爆テストに使われたO2U「コルセア」の中島による改造国産版で、臨時に主車輪をスキーに取り換えてある。昭和12年にかけての冬、積雪におおわれた青森県大湊基地での画像。

賀」の両大型空母を用いるのが当然と思えるのに、軽空母にした理由は明確ではない。有事のさい、即出動させねばならない「赤城」と「加賀」を、搭載機のテストにまわすわけにはいかない、と判断されたのだろうか。

「龍驤」での特殊爆撃機（この時点での艦爆の呼称）の実用テストは、九四艦爆が登場する以前の九年の秋ごろには始まっていたようだ。搭載機の九〇艦戦（一二機。ほかに補用四機）、一三《いちさん》式艦上攻撃機と九〇式艦上偵察機（六機ずつ。ほかに補用二機ずつ）のうち、九〇艦偵を特爆の代用機材として使うのである。

このころの搭乗員は少数精鋭、まさしく粒よりで、「龍驤」における新機材の発着艦を充分にこなしうる技倆《ぎりょう》、と見なされたことは間違いあるまい。しかし、艦爆実用実験分隊の搭乗員全員がベテランだったのではない。

昭和七年に志願入隊し、機関兵に。ついで下士官兵パイロット養成の第二十三期操縦練習生に選ばれて、艦攻操縦員に変身。霞ヶ浦航空隊での訓練を九年四月に終え、一三艦攻による半年間の延長教育を大村航空隊で受けた小野了《さとる》二空（二等航空兵の略称）は、「龍驤」飛行機隊勤務を命じられた。

ふつうなら一三式艦攻に乗るはずの小野二空が実用実験分隊に編入され、「うちの分隊は、特爆で急降下爆撃をやるんだ」と教えられたのは、呉軍港で乗艦してからだ。操縦キャリアは浅くても、肝が座った冷静な気性はこうした任務に合っていた。

臨時機材の九〇艦偵、フルネームで九〇式二号艦上偵察機三型は、九〇式二号水上偵察機二型のフロートを除去し、主脚と尾橇《びそり》、着艦フックを取り付けたもので、そもそもはボートO2U「コルセア」水偵の改造国産版だ。米海軍のニックネームを流用して、日本海軍でも「コルセア」と呼ぶ場合が多かった。ある程度の空戦もできる二座（複座）水偵が母体だから、それなりの機体強度は備えており、降爆も可能だった。小野二空は七〇度近い急降下まで試してみたという。

海軍にとって昭和十年度に入る初日の九年十二月一日付で、「龍驤」飛行機隊の特爆分隊（いつ艦爆分隊と呼ばれ始めたのかは不明）が正式に編成された。九四艦爆の制式採用に時期を合わせての措置と思われる。

分隊長は、竹を割ったようにカラリとした性格の和田鉄二郎大尉。その下につく関衛《まもる》、西原晃、奥宮正武の各中尉は兵学校五十八期出身、二十四期飛行学生を卒業してちょうど一年の若い分隊士だ。八年後の南太平洋海戦で戦死（「翔鶴」飛行隊長。少佐）する関中尉の秀でた性格は、すでにこのころから光っていた。

奥宮氏の回想では、九〇艦偵は九年度中に無理な飛行で事故を起こしたため、降下角を四五度以内、速度を一五〇ノット（約二八〇キロ／時）以内に制限したそうだ。もとが水上機のにわか艦爆としては、致し方のない対策と言えよう。

垂直降下は理想的か？

愛知時計電機で作られた九四艦爆を、和田分隊長が操縦して呉航空基地に運んできたのは九年十二月の初めだったという。これを手初めに、分隊員が名古屋（名古屋港十号地の飛行場？）から空輸し、定数六機をそろえて、九〇艦偵と入れ替えた。

「これが急降下爆撃機だと人に言うなよ」と小野二空がクギを刺されたのは、艦爆の存在そのものがまだ秘密だったのを意味している。

水平飛行での最大速度は一五〇ノット強（二八〇キロ／時）と大して高くはないが、パワーダイブ時の終速二四〇ノット（四四五キロ／時）は搭乗員たちにとって未知の速度域だ。しかし操縦員の誰もがまもなく、九〇艦偵とは格段の頑丈さに信頼感を抱き、良好な飛行性能に満足した。純国産で試行をくり返していたら、これだけ実用度の高い機材はなかなかでき上がらなかったに違いない。この点では、ハインケルへの依頼は正解と言えよう。

横空戦闘機隊の源田実大尉らによる二年前の降爆データは、あくまで参考にすぎない。「龍驤」艦爆分隊として、あらためて一から実用テストを進めていくのが和田大尉の考えだった。

急降下爆撃のノウハウはごく微量しかない。どの高度からどんな態勢で降下に入り、どのくらいの角度で接敵すれば、効率がいいのか。いや、それ以前に、ちゃんと想定どおりの角度で急降下できるのかをまず試さねばならない。

ひととおり慣熟飛行を終えたのち、降下訓練は高度一〇〇〇メートルからの三〇度緩降下で幕を開けた。操縦員がカンで三〇度の見当をつけ、敷かれた布板的《ふはんてき》めがけて降下するのを、地上の降下角測定器で追って実際の角度を捕捉する。当人の意識と実際をくらべると、必ずと言っていいほど実際のほうが角度が浅かった。

徒歩でも車でも坂を上り下りすると、角度がより大きく感じられるのと同じ錯覚《さっかく》だ。

和田分隊長は九〇度の垂直降爆を主張した。確かに、目標の真上から投弾するなら、単純な無修正の満星照準(照準器の照星に目標の中心を合わせる)で命中させられるように、素人にも想像できる。

九〇度降下は感覚との戦いだった。思いきり深く突っこんで、睾丸《こうがん》が背中に移動したような異様な感じ。「よし大丈夫、こんどこそ九〇度」と確信して帰ってきた小野二空に、分隊長が測定器の数字を告げる。「お前、いまのは七〇度だ」

「本当の九〇度降下だと、背面になった感じです」と小野さんは語る。操縦桿を握っているから、恐いという感覚はない。凧《たこ》のようにフワフワ飛ぶ一三艦攻よりも、機動がきびきびした艦爆のほうが彼の性に合った。

降下に続く引き起こしがまた大仕事だ。満身の力をこめて操縦桿を引いても九四艦爆は壊れないが、五～六Gの強烈な重力がかかって、少しのあいだ視力を失うブラックアウト現象を生じる。「ダイブをやってレントゲンを撮ると、ヘソの下まで胃が下がっている」との小野さんの回想から、Gのすさまじさが想像できよう。

垂直降下は、かつて源田大尉らが報告したように風の影響を受けやすく、また降下中の修正が思うようにできない欠点があった。テストを重ねるにつれてこれがはっきりしてきたため、九〇度から七〇度へと切り替えられた。

母艦の「龍驤」を下方に見る九四艦爆。小さな飛行甲板に降りる難しさを感覚的に理解できるような構図である。

「龍驤」艦爆分隊は、近海を航行中の飛行甲板から、あるいは基地の滑走路から、いくたびも発進しては降爆の実用テストと訓練に打ちこんだ。標的はそのつど適宜《てきぎ》用意され、大村基地に上がっての飛行作業時には、廃艦になった駆逐艦「楡《にれ》」(初代)を沖に持ってきた。航行こそしないが、臨場感充分のデラックスな標的だ。

この静的(動かない標的)に、一キロ演習爆弾を付けた九四艦爆があいついで降爆にかかる。やがて小野一空(進級後)の放った爆弾が、みごと煙突の中にとびこんで、装填してある下瀬火薬の黒煙が噴き上がった。

あたかも「楡」の主機が再発動したかのような煙突からの煙。絶妙な命中を喜んだ和田大尉は、かたわらの部下に冗談の指示を出す。

「大村空の当直将校に『「楡」、出港します』と言ってこい!」

苛酷なGが偵察員にのしかかる

「龍驤」でのテストが功を奏して、九四艦爆の実用性と用法は確立され、昭和十一年度には本格配備が実現。「龍驤」には九二艦攻(一三艦攻から改変)も全機降ろして一五機が搭載され、近代化改装が成った大型空母「加賀」にも一二機積みこまれた。

二個分隊編制に拡大された「龍驤」艦爆隊の搭乗員は、年度替わりとあいまって過半が入れ替わった。小川次雄一空曹のように、飛行隊内転勤というか、艦攻隊がなくなったために艦爆乗りにスライドした偵察員もいる。

長駆、敵艦隊を求めて、目印がない洋上を飛ぶ艦攻、艦爆に、航法を受け持つ偵察員は必須の存在だ。操縦員と異なって、偵察員は基本的に機種を問わず任務を果たせるが、二人乗りの艦爆の場合、無線機の取り扱いや旋回機銃の操作といった電信員の役目も負わねばならない。さらに操縦員の手助けとして、降爆時の高度計の読み取り、投弾時期の指示も加わる。

小川次雄一空曹が「龍驤」の九四艦爆の前に立つ。「寿」エンジンを包むタウネンドリング、主脚支柱間の投弾用誘導枠の形状を知れる。

ある意味で最大の追加負担は、急降下と引き起こしの機動ではないだろうか。マイナスGから恐るべきプラスGへの極端な急転換を、操縦員まかせの受け身で耐える苦しさは、尋常なものではない。

第十七期偵察練習生を卒業後四年のキャリアを有する小川一空曹にとって、機上の任務の増加は取りたてて難儀ではなかった。生前、小川さんはこう語っている。

「計器高度五〇〇〇メートルで

『よーい、テー』。計器の指示遅れがあるので、実高度は三〇〇メートルです。少し（引き起こしが）遅ければ海に突っこんでしまう。投弾後の航法も間違いなくできました。高度五〇〇メートルまでの低空の風は海面上と変わらないから、波頭で風向、風速を読んで計算盤に算入するのです」

もう垂直降下は訓練項目から除かれて、小川一空曹の体験した最大降下角は八〇度だった。それでもなお背面飛行の錯覚があった。

九四艦爆の特徴の一つがサーボラダーと呼ばれた機構。昇降舵の後縁にタブ状に付いた細長い板が、スロットルレバーに連結されていて、投弾のためレバーを倒すとこの板が作動し、昇降舵を上げ舵にとる。したがって操縦桿を引く必要がないという代物で、二五〇キロ爆弾の搭載時だけサーボ機構が働く仕組みだった。ブラックアウトに陥《おちい》ったり、なんらかの理由で操縦桿を引く力が出なくても、引き起こしが可能というわけだ。

機力にせよ人力にせよ、機首を上げるときには偵察員の眼前は真っ暗になり、「Gで目玉が下がる」（小川さん）。この現象は一時的だが、降爆機動をくり返すうちに胃下垂を患い、食欲の秋にも太れなくなってしまうのだ。小川一空曹の場合は、搭乗開始から一年後に水上機部隊の呉空への転勤が発令され、事なきを得た。

希望して操縦から艦爆の士官偵察員第一号に変わった奥宮中尉も、実用テスト時に、機動中の電信作業で酔って吐き気に悩まされ、また彼を除く偵察員の全員が（操縦員は半数が）

航空神経症にかかって転勤を望んだという。

海軍偵察員のうちで、いちばんのハードワークを課せられたのは艦爆乗り、と断じて差しつかえはないと思う。

初期の艦爆訓練指南

「爆撃は雷撃とともに空中攻撃の主兵にして、就中《なかんずく》急降下爆撃は奇襲戦法をもって先制、単機よく敵に一大打撃を与え、もって戦捷《せんしょう》の端緒を作為しうるの特質を有するものなり」

艦爆の戦力的意義を簡潔に表したこの文章は、「龍驤」での実用テストとその後の同飛行機隊艦爆分隊の実績をベースに、横空が取りまとめ昭和十一年十二月に作った『急降下爆撃教育訓練法』の冒頭部分だ。やや理想論的な片寄りはあるけれども、要点を的確にとらえている。

教本の常として、内容が固く文章は無味乾燥だが、じっくり読むと、草創期の艦爆のなんたるかを示す興味深いことがらが顔を出す。それらをかいつまんで判読容易に書き直し、以下にならべてみた。（ ）内は著者の注記。

◎機器材および整備上の注意点

急降下中に浮き上がり、動いてぶつからないように、移動可能な物品をできるかぎり固定する。

機内には予想以上に砂塵が多い。降下中に舞い上がって、ひどい場合は搭乗員の視界、判断力を損なわせるから、清掃を心がける。

降下時、高度計は最も重要な計器なので、静圧管への確実装着と計器内の気密保持に注意する。整備不良だと最悪二〇〇〇メートルもの誤差が出てしまう。

下翼（複葉機なので）の前縁部に緩降下から急降下に入れるさいの（小旋回をうつ）目安線を、胴体側面には降下角を示す目安線を、それぞれ三〇度〜六〇度まで五度おきに記入しておくといい。

◎急降下に入れる三種の機動

失速反転の操作をして、斜め前方あるいは側方へ機を落としこむ。（記録フィルムでドイツ空軍のユンカースＪｕ87急降下爆撃機がよくやってみせるパターン）

機首を下げ、そのまま前方へ機を落としこむ。（昇降舵の下げ操作だけですむが、俊敏さにもとり実戦には向かない）

宙返りの後半の機動を用いて逆落としに降下する。（戦闘機の直上方攻撃と同じ。背面降下から垂直降下をへて通常の急降下へ。目標を捕捉し続ける保続照準が困難）

◎基本的な降下訓練法

まず高度二〇〇〇メートルから急降下に入り、高度一〇〇〇メートルで引き起こすのを三〜四回くり返す。次に一五〇〇メートルから急降下、七〇〇メートルで引き起こしを三〜五回。続いて二〇〇〇メートルから急降下、五〇〇メートルで引き起こしを五〜七回実施。

降下角は七〇度が標準。引き起こし時の重力は四〜五Gに止《とど》める。

◎照準に関する訓練

降下時の照準角および照準距離は、投下高度、機速（対気速度）、降下角によって決まり、照準修正角および修正量はこれら三要素の変化に、風の弾着への影響を加味して決定される。修正の度合は数値表を参照して覚える。（のちのデータ算入式満星照準器などない時代の九四艦爆は、オイジー照準器を覗《のぞ》く操縦員が頭のなかで計算して修正する職人芸を要した）

保続照準のためには、接敵方向と進入方向との交角は三〇度前後が適当であり、四五度以上にならないように。また、進入点で接敵方向へ機首を向けるさいの旋回時に、機を横すべりさせてはならない。進路の修正が困難化してしまう。

◎演習爆弾を用いての爆撃法の演練順序

静的に対し、風上方向からの追い風爆撃法から取りかかる。続いて、難度が高い向かい風および横風爆撃法。これには風向と風速、そして両者が約二〇秒間の降下中に及ぼす影響を考慮したうえで、進入点を決定する。

単機による基本訓練の最終課程が、任意に移動する目標に対する動的爆撃法。動的の針路、速度を測り、進入方向の決定や照準点の修正を受け持つ、偵察員の同乗が初めて必要になる。

対艦爆撃の場合、照準修正角を小さくでき、降下角を深く保てるうえ、白い航跡を照準の補助にできる反航（向き合う）接敵が有利だ。

単機が終わって、残るは編隊爆撃法。高度二〇〇〇メートルまでは緩降下で接敵し、以後は既述の要領で急降下爆撃に移る。降下時の間隔は五〇〇～六〇〇メートル。引き起こし後のすみやかな編隊再形成は困難なので、状況に応じた集合と避退を訓練する。降下に入るまでは手持ち黒板で指示を伝え、入ってからの照準点指示はバンク（機体を左右に傾ける）による。

こうしてざっと記しただけでも、艦爆乗りになるための練習の大変さ、ひいては実施部隊における任務の難しさが、いくらかなりとも感じられると思う。

技倆向上の一典型

小野さんの一年後に海軍に入り、操練が一期後輩の二十四期で、やはり艦攻操縦員だった蔵増実佳《くらますじつよし》三空は、昭和十年十月下旬に大村空から、九四艦爆の分隊員になるため呉軍港の「龍驤」に着任した。まもなく「加賀」に新編の艦爆隊の基幹員として転出する小野一空とは、入れ違いのかたちだ。

着任後数日で進級した蔵増一空は、清水兵曹が操縦する艦爆の後席に乗って七〇度の急降下を体験させてもらい、垂直降下と思える感覚、引き起こしのさいに頭を上げられない猛烈

鹿屋基地で九四艦爆をバックに肩を組む「龍驤」艦爆隊の昭和８年兵一同。一等航空兵が３名、一等整備兵が５名いて、蔵増実佳一空は左から３人目。

なGを味わった。次いで、口述の説明を受けただけで操縦を開始する。

艦攻から艦爆に移った蔵増さんは、四年後に心臓の不整脈が判明して急機動は禁物と診断され、ゆるやかに飛ぶ陸上攻撃機の操縦員へと転身する。艦上／陸上機三種の経験者はまれで、彼のソロモン方面における一式陸上攻撃機での死闘はまさしくすさまじい。

艦攻、艦爆、陸攻のいずれが好みかを蔵増さんに問うと、すぐに「艦爆がいちばん」の答えが返ってきた。理由は「自分で照準し、投弾できます。そして命中精度がいい」からだ。陸攻へ移るときは意気消沈状態だったらしい。

確かに彼は、才能と努力はもちろんだが、艦爆との相性がよかった。

昭和十二年の四月末から五月上旬にかけて、

昭和11年10月の神戸沖観艦式で、「龍驤」の九四艦爆が展示海域を航過する。

宮崎県富高基地にいた「龍驤」艦爆隊二個分隊は、動的の爆撃訓練を進めた。三日の二五〇キロ爆弾投下のおり、蔵増一空の弾着は前後にも左右にもズレのない絶妙さで、ふだんは褒《ほ》め言葉を口にしない第九分隊長・関大尉が称賛したほどだった。

数日間の成果を記入した弾着図には、蔵増一空─的場豊兵曹（操縦─偵察）機の投弾の九割以上が一五メートル圏内に入っていた。曳航速度一八ノット（三三キロ／時）の動的が連続変針、あるいは秒速一〇メートルをこえる風速、といったシビアな条件のときもあったのだから、確かに優秀な成績だ。そのうえ、訓練の仕上げの爆撃戦技演習では、曳航駆逐艦の大回避を追って三〇キロ爆弾を動的に直撃させている。

五月中旬、大分県佐伯基地に移動して射撃訓練。二十一日には母港の呉軍港にほど近い、小さな呉航空基地に帰ってきた。一ヵ月後に出港した「龍驤」の飛行機隊は、三重県明野の陸軍飛行場に間借りして昼夜間の銃爆撃および航法訓練を進め、七月七日の夜には潮岬沖まで南下ののち、「龍驤」をめざす無線帰投を実施。

帰投とは「帰港投錨《とうびょう》」を略した、帰着の意味の海軍用語だ。

このとき北京南郊の盧溝橋で、日中両軍の小競り合いがあった。日華事変の嚆矢《こうし》とされた盧溝橋事件である。日本軍の思惑のもと火花は消えずに燃え広がり、誕生後二年半の艦爆隊にとって初出動から全力参入へと、舞台は急展開を見せる。

母艦部隊、戦火に突入

特設航空隊に新機材を

昭和十二年（一九三七年）七月七日の盧溝橋事件に端を発する中国との戦いは、初め北支事変と呼ばれた。戦域の拡大にともない九月に入って支那事変に改称され、二十年の敗戦を境に日華事変へと変わる。現在では日中戦争と記述されるのが普通のようだ。この物語では便宜上「日華事変」を使用し、当時の北支、中支、南支の区域名についても「華北」「華中」「華南」と表記する。

四日後の十一日、軍令部と参謀本部は航空作戦に関して協定し、敵航空兵力を制圧・撃滅

大破した佐伯空の九四艦爆。故障か、上空から地表に突っこんだようだ。

するための主担当を、陸軍が事変初期の戦闘の中心地域である華北、海軍はいまだ戦闘状態にない華中、華南と定めた。海軍の副次的任務には、余力の範囲で華北の作戦に協力するほか、陸軍輸送船の上空掩護《えんご》や上陸作戦の支援が含まれていた。

協定のなかで海軍は、航空兵力の配分を明示。攻撃威力の中核をなす二個航空隊（第一連合航空隊）の九六式陸上攻撃機と空母三隻の艦上機、それに複数の水偵隊から成る主戦力を華中、華南方面向けとし、華北方面に対しては新編の二個基地航空隊（第二連合航空隊）の艦上機と一個隊の水偵をあてるものとされた。

どちらの方面にも艦爆戦力が用意されるのだが、部隊の形態が異なっていた。まず華北の第二連合航空隊について述べてみよう。

二連空を構成する二個部隊とは第十二および第十三航空隊で、ともにこの七月十一日付の新編である。十二空の保有機材は九四艦爆一二機（ほかに補用二機）、九二艦攻一二機（同一機）、九〇艦戦六機（同二機）、九五艦戦六機（同一機）、十三空は九六艦爆一八機（同二機）、九〇艦戦六機（同二機）、九六艦戦六機（同三機）。編成完了は同じ七月十五日付とされるが、艦爆戦力は十三空が一・五倍と多く（そのかわり艦攻はゼロ）、しかも新鋭の九六式だ。

両航空隊とも、戦時にさいし必要に応じて編成される特設航空隊として、それぞれ内戦部隊の佐伯空および大村空の主力を抽出して生み出された。佐伯空と大村空に艦爆の分隊が設けられたのは、昭和十一年の春から夏にかけてと思われる。ちょうど「龍驤」の艦爆が二個分隊に増えて本格化し、「加賀」飛行機隊にも一個分隊が新設されたのと軌を一にする。

九四艦爆と異なる、九六艦爆のカウリングと前後席間の形を見てとれる。胴体下の増槽は容量160リットルで１時間10分の飛行が可能。

十三空が初めて装備した九六式艦上爆撃機は、九四式の好成績から航空本部が昭和十年、公称出力で一四〇馬力強力な中島製の「光」一型（公称六〇〇馬力／高度三〇〇〇メートル）を装備する、「九四式改」の試作を愛知時計電機に提示してできた後継機。十一年十一月に制式兵器に採用された。

九四式の略記号D1A1に対しD1A2が与えられたことからも知れるように、九六式は九四式の改修型と見なしうる。外形的にも、エンジン外周のタウネンドリングが深い奥行きのNACAカウリングに変わり、主車輪に覆《おお》いが付いたのと、偵察席まわりの形状変化が目につく程度だ。

ほかに支柱付け根部の整形など、細かな改良点は随所にあったのだが、全体のアウトラインはよく似ている。

一〇〇キロの機体重量増を、エンジン出力強化と空力的洗練でカバーして、最大速度が二五キロ/時増の一六五ノット(三〇九キロ/時)、高度三〇〇〇メートルまでの上昇時間は一分半縮まって八分を記録した。のち、出力一割増の光一型改を付けた性能向上型が作られる。

操縦員にとっては九四式と比べて、速度がいくらか速いほかは目立つ差異はなく、操舵感覚はほとんど同一、と評する声が多かった。九四式に装備され不評だった、降爆時の引き起こし補助機構のサーボラダーは当初から除去されていた。

日華事変の勃発《ぼっぱつ》は初代と二代目艦爆に実戦評価の場をもたらした。その様相を述べる前に、少しだけ時間を巻きもどしてみる。

佐伯空ではこんな訓練

古田清人《きよと》三機曹（三等機関兵曹）は昭和十一年七月下旬に、第三十二期操縦練習生として半年間の教程を卒業し、階級の呼称が三空曹へと変わった。

この操練三十二期が艦爆専修の操縦要員を生んだ最初の期だった。霞ヶ浦航空隊で中練教程を終えたときに希望機種を申し出、艦爆コースに乗ったのは一一名。そのなかに古田三空曹が入っていた。

昭和六年に志願入隊。工機学校を卒業して機関術の普通科マークをもらい、一人前の機関兵と見なされたのに、飛行機乗りへの希望を抑えきれず、操練を受けて合格。霞空におもむいたけれども、水泳（昭和八年、呉鎮守府代表に選ばれ、明治神宮での海軍選抜競泳に参加して二位を得た、抜群の泳者）で鼓膜を痛めたため、いったん休止した。つまり三十二期は彼にとって二度目のチャレンジだった。

当時の古田さんの体重は二〇貫（七五キロ）、上背もあった。

「操練に合格すれすれの重い体重。戦闘機には身体が大きすぎました」と古田さん。「急降下をやってみたかったので」、艦爆の希望を出したのだ。

霞空では九三式中間練習機を終えたあとに、九四艦爆による離着陸をやってみた程度。この機を用いた本格訓練は佐伯空で始まる。操縦要員の延長教育を受け持つ佐伯空は、既存の艦戦や艦攻、飛行艇の分隊に、あらたに艦爆分隊を加えていた。分隊長は、兵学校を御賜《おんし》で卒業し、人格、度胸、技倆に優れた小牧一郎大尉。

といっても、訓練システムはこれから作っていく段階だった。どんな角度で降下し、どのあたりで爆弾を放てば命中率が高いのか、データが出そろわず、ちゃんとした教本はできていなかった。

古田三空曹の九四艦爆の慣熟飛行には、小牧分隊長が同乗してくれた。後席でも操縦しうる複操縦装置が付いているから訓練には便利だ。ただし古田さんの記憶では、後席に操縦桿はなかったという。同乗は分隊長の豪胆さゆえだったのか。

複葉艦爆の操縦席に入った古田清人兵曹。ただし一空曹当時で、九四式ではなく九六式だ。

この昭和十一年夏の時点では、既述のように、「龍驤」艦爆分隊が急降下爆撃法の模索をすでに終え、有効なパターンを確立していたのだが、どうした都合か佐伯空に伝えられていなかったようだ。あるいは小牧大尉が延長教育を的確かつ効率よく進めるために、自身の判断に基づく数字を摑もうとしていたのだろうか。

佐伯空でも降下角は深いほど命中率がいいと思われていて、演習爆弾を積み、九〇度に近い八〇度での降爆訓練を実施。偵察員の指示合図により高度八〇〇メートルで投弾し、五〇〇メートルあたりで機首が起きるのだが、引き起こしきれずに地表にぶつかる殉職例が佐伯空、大村空の両方で生じた。

「八〇度では機に安定がありません。五〇度前後ならピタリと照準して命中させせられる」戦死率トップの艦爆乗りとして激戦を戦い抜いた、古田さんの判断だ。

昭和十一年のうちは、佐伯空はひたすら降爆訓練に終始したが、やがて艦爆操縦教育のなんたるかが分かって、十二年に入ってからは実戦用の錬成が主体を占めた。本土近海に来襲する敵を邀撃《ようげき》するのが内戦部隊の任務だから、当然と言えるのだが。

艦爆分隊を編成して一年がすぎた佐伯空に、日華事変の勃発が大きな変化をもたらしたわけである。

基地艦爆隊、出陣

海軍公式資料とは異なって、古田さんの記憶では、新編時の十二空の艦爆戦力（定数）は一個小隊三機が三個の、九機から成る一個分隊だったそうだ。佐伯基地で銀色の九四艦爆（尾翼は赤）に、くすんだ緑色と茶色の戦地迷彩が施された。

分隊長には、佐伯空で偵察の分隊士を務めていた江草隆繁大尉が補職された。昭和八年に第二十四期飛行学生として操縦術を会得したが、士官が手薄の偵察員に転じ、十一年末から操縦に復帰していた。

渤海《ぼっかい》に突き出した遼東半島。その先端部、日本の租借地・大連の近郊にある周水子《しゅうすいし》に、一大連空が進出するための基地設営が急遽《きゅうきょ》進められ、一週間後の七月十九日にでき上がった。大連空とも呼ばれたこの周水子基地への進出命令を、八月六日に受けた十二空と十三空は、七日~十一日の間に展開を完了した。

周水子は華北の各地への移動が容易なほか、山東半島・青島の周辺の戦闘にも対応できる位置にあった。しかし、華北の航空戦は陸軍の戦力だけで対応し得たため、一連空は基地を動かず、陸軍輸送船団に対する必要度のごく低い上空掩護ぐらいしかすることがなかった。

一方、上海・虹橋《こうきょう》で特別陸戦隊員二名が、中国側の保安隊に射殺された八月九日の事件をきっかけに、海軍、陸軍の華中派兵が決定。宣戦布告がない「事変」の呼称のまま、日中両国はたちまち全面戦争に突入していく。

活発な中国空軍の制圧、上海地区の陸戦協力や南京方面の空襲などに対処するため、華中への航空兵力の増派が必要な状況で、陸軍との航空協定にあったとおり「作戦ノ推移ニ依リ二連空ハ中支（上海）方面ニ転戦」が決定。そこで、上海郊外に造成中の公大《クンダ》基地が使用可能になるまで、いったん内地への帰還が決まって、八月末それぞれ〝古巣〟の佐伯および大村基地にもどってきた。

ゴルフ場をつぶしての公大基地の設営は、敵地上部隊の攻撃を排除して進められた。九月五日に公大進出を下令された十二空、十三空と二連空司令部は、九日~十日に済州島経由で同基地に移動。砲撃と空襲、降雨による泥濘《でいねい》に悩まされながら、両部隊の艦爆隊は出撃の時を待った。

火を噴く旧式艦攻

華中、華南向けの第一航空戦隊の空母は「龍驤」と「鳳翔《ほうしょう》」、第二航空戦隊は「加賀」で、「龍驤」と「加賀」に九四艦爆が搭載されていた。

一航戦は八月十二日の夜に第三艦隊司令長官・長谷川清中将の命を受けて佐世保を出港。翌日の夕刻、目的海域の馬鞍《ばあん》群島（上海沖）の海域にいたったが、台風の接近により済州島の近くまで退いた。二航戦のほうは十一日から済州島近海で、華北へ向かう陸軍輸送船団を護衛中、十三日未明に馬鞍群島進出を下令され、午後八時に指定海域に達した。

攻撃目標は、中国空軍機が上海の空域に達しうる範囲内にある飛行場。上海東方洋上から台風の中心が迫る十四日は、台湾から九六式陸上攻撃機が出動しただけで、一、二航戦とも馬鞍・舟山群島海域で風と波が収まるのを待った。この日の午後七時、第三艦隊司令長官から麾下《きか》航空部隊に、翌日の全力出動命令が出た。

陸攻、艦上機はもとより、水偵まで含んだ総力戦だった。唯一、一航戦だけには長官から「飛行機を使用し得るに至らば全力を挙げて」の条件が出されていた。二隻の空母が小型なので天候不良の影響を受けやすく、ひどく揺れて発着艦が不可能になるかも知れないからだ（実際に、天候が回復せず作戦に応じられなかった）。

12年８月、華中方面作戦下の第二航空戦隊の「加賀」を、九四艦爆編隊から見る。前後席間の形状、主車輪カバーの付加など、九六艦爆につながる仕様にあらためた後期生産分の機。

八月十五日の早朝五時半、韮山《きゅうざん》列島（上海の南南東二二〇キロ）沖の「加賀」から攻撃隊が発艦を始める。まず九四艦爆一六機、次に九六艦攻一三機、八九艦攻一六機が最後。馬力荷重の小さな順だ。艦攻がやたらに多く、定数をオーバーしているのは、八九式から九六式への機種改変の時期でダブったからだろう。航続力が小さい九〇艦戦は随伴しない。台風の影響がかなり残っていて、気象条件は劣悪だった。

南京の飛行場を爆撃目標にした九六艦攻隊は、密雲に阻まれて引き返した。たいした威力はないと日本側が見なす中国戦闘機の、実際の脅威を、味わわずにすんだのは幸運だったと言える。

八機ずつの二個中隊で飛ぶ八九艦攻隊の、第一目標は上海から西へ二二〇キロの広徳だが、これも雨雲のために地点標定がかなわず、南東に変針して第二目標の杭州《こうしゅう》・筧橋《けんきょう》飛行場へ向かった。やがて市街から四〜五キロ離れた三角形の飛行場を認め、午前八時四十分に爆弾を投下する。

このとき岩井庸男《つねお》少佐が指揮する先頭中隊（中隊とは制式の軍隊区分ではなく、作戦飛行時の便宜上の編成。一個分隊程度）に、二十数機のカーチス「ホーク」Ⅲ型が襲いかかってきた。高志航隊長以下の第四大隊機が主力だった、と『空軍史話』（講談調で誤記述が散見される中国空軍史）は述べている。

８月15日の杭州攻撃から帰還した田中正臣中尉の八九式艦上攻撃機（R－373）。命中弾が、尾翼の羽布を裂いた。

冒頭に示した米海軍に採用の戦闘爆撃機ＢＦＣ－２を、引き込み脚に改めたＢＦ２Ｃ－１の輸出型が「ホーク」Ⅲで、優速と高機動力を発揮した。

第二小隊長・田中正臣中尉機の偵察員だった三井清之一空曹は、「加賀」飛行機隊戦死搭乗員の追悼文集『面影』に、このときのもようを次のように記した。

「敵は入れかわり立ちかわり、青天白日のマークがくっきりと見えるまで近づいて、八九艦攻のいちばん苦手な後下方から撃ってくる。突然、一小隊が目の前の雲の中に入って見えなくなった。〔自分たち〕二小隊も続いて雲の中に入る」

「パッと赤い火が閃《ひらめ》いたかと思うと、雲間を抜けて僚機（一小隊機）がきりもみとなり、真っ赤な火炎の尾を引いて落ちていく。『アアッ、やられたか⁉』。みるみる紅蓮《ぐれん》の炎となり、火だるまとなって、田圃の縁にどたりと落ちて火の玉が四方に散乱！　真っ黒い煙を吐いて燃えるのが雲間に見える。思わずその機に向かって訣別《けつべつ》の礼を送る。〔一小隊の〕残りの二機も見えない。やられたか⁉」

この直後、田中機も右翼タンクに七・六二ミリ弾を受けて燃料が噴き出た。胴体内の主タンクに切り替えて、洋上へ離脱にかかる。すぐに左翼タンクも撃ち抜かれ、三井一空曹の顔はガソリンにまみれた。間もなく三番機が火を吐いて墜落。帰途、二番機も不時着大破した。

敵戦闘機の邀撃《ようげき》をまともに受けた先頭中隊は、八機中七機を失った。「加賀」に帰投できたのは、敵弾に羽布をぼろクズのように破られた田中機だけ。後続中隊の損失は不時着一機だが、どの機もひどい被弾ぶりだった。

そして九四艦爆隊は、いささか様相を異にした。

艦爆の初陣は苦戦

同じく八機ずつの二個中隊を編成した「加賀」艦爆隊は、翼下に六〇キロ爆弾二発を携え、上海の西北西九〇キロにある蘇州《そしゅう》の飛行場へ飛ぶ。たとえ胴体下に増槽（落下式増加燃料タンク）を付けていても、艦攻にくらべ航続距離が短いから、最短距離の目標だった。

張りつめた雲の上、高度四〇〇〇～五〇〇〇メートルを進撃したが視界は好転せず、蘇州をあきらめて南の杭州へ機首を向けた。この間に両中隊は分離した。

指揮官・崎長嘉郎大尉指揮の中隊の二小隊長・阿部平次郎中尉が後席から、雲間に飛行場を見つけた。地上に小型機がならんでいる。これを杭州南西の紹興と判断して、崎長中隊は降爆にかかる。「加賀」の記録ではこのとき午前八時半。日本艦爆隊の記念すべき初攻撃の開幕だったが、思いがけず「ホーク」Ⅲが現われ邪魔に入った。

亀《かめ》義行大尉の小隊三機だけは雲中で分離ののち、紹興を見つけられずに単独で飛行し、杭州郊外の喬司飛行場の上空に到達。ほぼ同時に「ホーク」Ⅲ戦闘機およびノースロップ2E軽爆撃機が迫ってきた。さらにカーチス「シュライク」（モデル60）攻撃機が加わった。

「ホーク」Ⅲは八九艦攻隊を襲ったのと同じもの。戦闘空域が広がったために艦爆隊も捕捉されたのだ。また「シュライク」は阿部中尉が視認した飛行場（実際は曹峨飛行場だったといわれる）にいた機で、崎長中隊が「ホーク」Ⅲに追われる間に発進、上昇

中国空軍が1936年（昭和11年）に72機を導入したカーチス「ホーク」Ⅲ。BF2C－1（F11C－3）の輸出型で、7.62ミリ機銃２梃を機首に装備し、最大速度386キロ／時は九四艦爆より100キロ／時まさる。日本軍攻撃用機にとって確実に脅威だった。

してきた。

八九艦攻よりは速度と機動力がある九四艦爆でも、「ホーク」Ⅲにはもとより及ばず、ともに金属製低翼単葉のノースロップ2E（最大速度三五二キロ／時）と「シュライク」（同三二五キロ／時）に比べても、低空域でそれぞれ五〇〜七〇キロ／時遅く、勝ち目はうすい。武装も劣弱だった。

そんな不利にもかかわらず、各機は奮戦した。

寺島美行大尉が指揮する中隊の小隊長・南野安治中尉機（操縦・原輝光一空曹）は、南から紹興飛行場に迫り、高度五〇〇メートルで投弾。引き起こし後、ノースロップのなめ後方三〇〇メートルから射撃し、ついで前上方からの反航戦で「ホーク」に一撃。これら二機は取り逃がしたが、三機目の「シュライク」に前下方から痛撃を加えると、機体の一部が飛散し、黒煙を吐いて墜落した。その後、別のノースロップを捕らえ、五〇メートルの至近距離から七・七ミリ弾を撃ちこんで、林の中に不時着させた。ほかに飛行中の敵影はなく、在地機への銃撃を三回くり返す。

喬司飛行場を爆撃した亀小隊の三番機、尾翼記号R-206を操縦する今村実雄一空は、爆弾を付けたまま敵編隊を追い、たくみに機を操ってノースロップ一機の撃墜を記録。偵察員の中越健三一空も七・七ミリ旋回機銃で「ホーク」に命中弾を与えて飛行場に不時着させた。

だが後方から「シュライク」の射弾をエンジンに受け、プロペラが止まった。不時着を決意したが、高度二〇〇メートルで再発動。追ってくる敵機に応射する中越一空の、左胸から腹部にかけて七・七ミリ弾四発が命中し、虫の息に陥った。彼の持つ航空地図を、今村一空が機上を這《は》い伝って手に入れ、おおよその見当をつけて飛ぶうちに、亀大尉機に出会い帰艦できた。

いったんは意識を回復したが手術後に意識が混濁し、戦意あふれるうわ言を残して、中越一空は十八日の夜に絶命した。

紹興を攻撃した主力一三機は、約一〇機の敵と二〇分ほど戦い、七機を撃墜（うち不確実四機）、一機を不時着させ銃撃を加えた。また喬司上空の三機は一一機前後と交戦して、四機を撃墜、三機を不時着にいたらせた。敵機数と戦果は誤認による膨張が付きものだが、それでも艦攻の脆弱《ぜいじゃく》さと比べれば、敢闘が歴然である。

艦爆隊の未帰還は寺島中隊の二機。ところが、十二月までの「加賀」の戦死・戦傷者全員を掲載した『面影』には、搭乗四名のうち小柳幸作一空の名しかない。ほかの三名が載っていないのは、中国軍の捕虜にされたと分かったからだ。

小柳一空の項には、ペアの偵察員で機長の竹下良一二空曹とともに出撃する旨を記した、彼の両親宛の手紙が紹介してあるから、読んだ者は裏側を悟ってしまう。命を顧みず奮戦し、自爆の覚悟だった竹下二空曹（重傷で意識不明のところを中国側に救われた）への、不当きわまる措置である。『面影』の発行は、『戦陣訓』に「生きて虜囚の辱めを受けず」という文句を、決して捕虜になる心配のない者たちが捻り出し明示するときよりも、三年近くも前の時期だった。

艦爆の第一撃は、こうして終わった。

指揮官・崎長大尉は戦闘後の所見を、次のように記している。

①降爆後の引き起こし時に敵機の攻撃を受けやすい。充分な反撃が可能なように、将来は複座戦闘機の能力を合わせ持つ機材へ進むべきだ。

②対空火器がある地点への爆撃は低空への降下を避け、チャンスに乗じて高度を下げ銃撃を加える。

③戦闘機と同様に編隊機動空戦を重視し、敵機への前方攻撃、後方攻撃だけでなく、側方、ななめ方向からの攻撃を訓練する。

艦爆の戦闘機化を崎長大尉が望んだ理由が、この日の空戦の激しさにあったのは、述べるまでもない。

いきなり殊勲甲

日華事変の勃発から一ヵ月あまりを経た昭和十二年八月十六日。前日に海面を荒らして、第一航空戦隊をなす小型空母「龍驤」「鳳翔」からの飛行機隊の発艦をはばんだ台風は、華中の近海から去っていた。

地上戦が続く上海では、十六日の早朝から中国軍が総攻撃をかけてきて、北部地区の海軍陸戦隊陣地が一時的に危機に陥った。また陸戦隊本部が爆撃を受け、南京の大校場飛行場を発した爆装のカーチス「ホーク」Ⅲに揚子江河口（上海、呉淞《ウースン》沖）の艦船が襲われるなど、敵の積極的な攻勢がめだった。

「龍驤」の九四艦爆編隊が洋上を飛ぶ。爆弾は付けていない。

　こちらも航空兵力をくり出し、地上攻撃を加えるのが最良の対抗策。この時点で即応可能なのは、上海の東南東一五〇キロに浮かぶ馬鞍群島の周辺海域にいた、一、二航戦の空母飛行機隊だけだ。

　これが初出撃の「龍驤」飛行機隊の、搭乗員に対する総員起こしは午前三時。整備員はその二時間前から起きている。まだ真っ暗な四時に、艦爆隊だけの発艦が始まった。戦闘機を付けないのは、払暁時の奇襲になるので敵戦闘機はいない、との判断ゆえだろう。

　九四艦爆六機ずつの二個中隊でねらうのは、上海の南西九〇キロの嘉興飛行場だ。断雲を抜けるうちに、一中隊に後続するはずの二中隊がいなくなっていた。
やがて目標を認めた一中隊は急降下。単縦陣で続く各機とも翼下の六〇キロ爆弾二発を放って、地上の一〇機を破壊する。そのうえ、緊急離陸し邀撃してきたカーチス「ホーク」Ⅲ戦闘機と交戦し、二機を撃墜する手柄を記録した。

撃墜の一機は一小隊機が旋回機銃により、もう一機は二小隊長・西脇英男中尉が固定機銃で仕留めたものだ。速度も機動力も画然と上まわる「ホーク」Ⅲを真に落としたのか、とりわけ前者について疑問が生じるけれども、艦爆が一機も落とされず全機帰投できたのは事実だから、操縦員の技倆の優秀さが想像される。

ともあれ、これらのきわ立った戦果が高く評価され、殊勲甲の特殊行動として認定がなされた。

二中隊は先行の一中隊を見失ったが、一五〇〇メートルの高度を九五ノット（一七六キロ／時）で飛び続け、該当空域に達した。夜が明け始める。爆音に気づいた敵が一斉に灯火を消した。不充分な視界のなか、探しても嘉興飛行場が見つからないため、分隊長・関衛大尉は目標を西方の虹橋《こうきょう》飛行場に変更した。

空はしらじらと明けてきて、真四角の虹橋飛行場が見えてきた。思惑どおり戦闘機の機影はなく、ありがたいことに防御砲火の出迎えもない。

場内に敵機が一機だけいた。関大尉機がこれを目指して突っこんでいく。しかし六〇キロ爆弾は二発とも外れ、列機五機の投弾も命中しなかった。黎明時の視界不良、風向と風力の判断差、小さな目標というマイナス条件に、初陣の緊張が加わっての結果だろう。

両中隊が「龍驤」に帰ると、次の任務を命じられた。上海と蘇州を結ぶ鉄道の、崑山《こんざん》にかかる橋を破壊する。成功を確認したら、残余の機は上海市政府付近の敵陣地を爆撃せよ、との内容だ。崑山鉄橋は昭和七年の上海事変のおりにも爆撃対象にあがった、兵站《へいたん》の重要目標だった。

二五〇キロ爆弾一発を胴体下に搭載した九機は、正午をまわってから出動。二〇〇〇メートルの高度から海南線のレールを追って西進し、なんなく上空に到達。三機ずつの編隊を解いて単縦陣を作り、大きく旋回する。

まず一中隊長機が鉄橋の前後方向に降下し、爆弾を投下。爆煙が橋を覆《おお》ったが、命中しなかった。かなり強い風が橋の側方から吹いているのが、煙の流れで分かった。橋は細長いから、前後方向にねらうのが常識だが、それでは横風に流されるから当てにくい。といって、追い風で側方から放つのなら、数メートルの幅の中にぶつけねばならず、これまた命中させがたい。

結局は各機とも一中隊長と同様の降下をかけて、直撃弾を得られなかった。訓練では高い命中率を誇ったのに。

早朝にあざやかな活躍を見せた一中隊／八分隊員はいいとして、二度の爆撃行が成果なく終わった二中隊／九分隊員にとって、精神的な疲労が重かったはずだ。しかし、戦争をしたという事実が彼らに、なにがしかの自信を与えたのは間違いなかった。

めに。

炎を引いて急降下

八月十六日、実戦二日目の二航戦の「加賀」も、朝から可動機をフル回転させて、夕刻まで出動を反復した。上海近郊の江湾、南翔の陣地、西方の崑山、蘇州の飛行場を破壊するために。

午後三時、九四艦爆一二機、九六艦攻一二機に護衛の九〇艦戦四機を付けた、何度目かの空襲部隊が発艦する。前日に敵機の邀撃で半数を落とされた八九艦攻は、ようやく時代にそぐわない機材と見なされ、進攻任務には一機も加わらなかった。

上海から九〇キロほどの蘇州の南部にある飛行場をめざす。朝のうちの曇天は、午後には快晴に変わっていた。

発艦から一時間あまりのち、蘇州の北東九キロで艦爆隊は艦攻隊と分離し、三〇〇〇メートルの高度を飛んで目標上空に達した。飛行場の敵は日本機を見つけ、高射砲と高射機関砲を撃ってくる。場内に攻撃機三機が置かれ、燃料の集積が認められた。ぜひとも潰《つぶ》さねばならない目標だ。

かなりの激しさの対空砲火を冒して、九四艦爆は降爆にかかる。前日が初陣で、この日二度目の出撃の原一空曹―小隊長・南野中尉機（尾翼記号R215）は、急降下に入って間もなくの高度一八〇〇メートルで敵弾が命中。機体から発火し、炎はみるみる膨《ふく》らんで光の尾が延

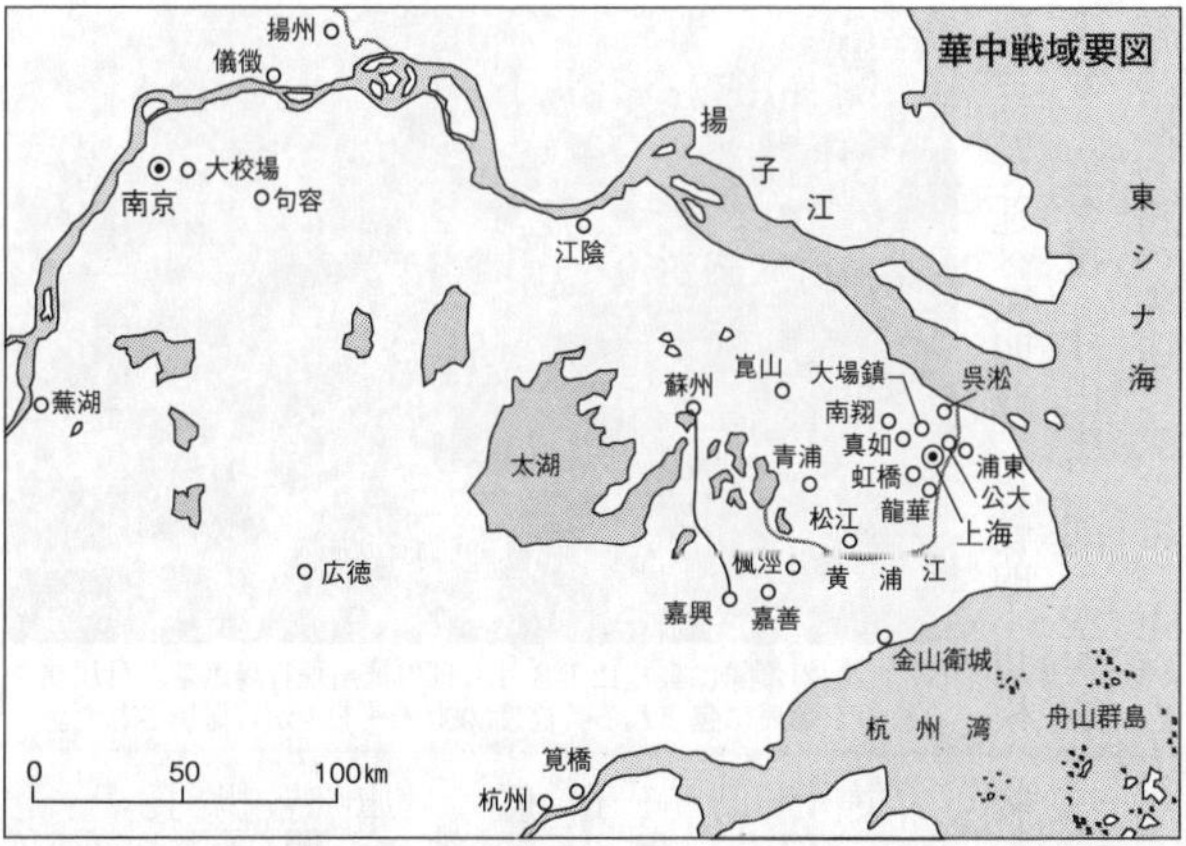

びた。

だが南野機は降下を続け、予定どおり高度八〇〇メートルで爆弾を放って、そのまま地面に激突した。「加賀」飛行機隊の戦死搭乗員の追悼文集『面影』には、爆弾は敵機に命中し、自爆で散った火が燃料缶にとんで燃え上がった、と書かれている。

この攻撃で唯一の戦死ペアをたたえるために、脚色が施されている可能性がなきにしもあらずだが、壮烈な最期だったのは間違いないだろう。十五日の出撃で部下を失った南野中尉は、「喜んで死にのぞめる」と語っていたともいわれる。

以後一、二航戦の飛行機隊は天候が許せば連日、飛行場など重要施設や陣地の攻撃に従事した。けれども、緒戦《ちょせん》期における空母艦爆隊の具体的な実戦記録は、意外に多くなく、列記する価値がある。そこでまず、「加賀」搭載機の行動で状況が判明

「加賀」艦爆隊による12年８月31日の杭州飛行場爆撃。付属諸施設が爆煙に包まれる。高度3000メートルから撮影された。

しているうちの二例を、続けて記述しておく。

八月二十二日の午後三時に飛行甲板を離れた、分隊長・亀大尉の指揮する六機が、上海の北西一五〇キロ、揚子江南岸に位置する町・江陰の上空に達したのは二時間半ののち。高度三五〇〇メートルから目標の機雷庫を視認して、緩降下に移った。

地上の対空火器のほか、揚子江に停泊中の十数隻の艦船からも射弾が撃ち上げられる。逆落《さかお》としの九四艦爆の高度が一五〇〇メートルを切ったころ、蒲池《かばいけ》梅雄三空曹―和田正二空曹の二〇八号機が一弾を受け、瞬時に火を噴いた。和田機は爆弾を抱いたまま（機首上げののち再降下、投弾したともいう）機雷庫の場内中央に激突し、大爆発とともに散華した。

一週間後の二十九日に「加賀」を発したのは、各機種合計で延べ三四機。比較的小規模な戦力で宝山城、呉淞の敵陣などを叩いた。午後三時二十分、偵察員・江田庄三郎一空曹を二三一号機の後席に乗せた分隊長の上敷領《かみしきりょう》清大尉は、二個小隊六機の先頭に立って、上海西方二二〇キロの広徳飛行場へ向かう。

二時間近く飛んで、飛行場が見えてきた。上空に広がる炸裂煙から防御弾幕の密度を知った上敷領大尉は、損害を避けるべく敵の意表をついて、直率《じきそつ》の第一小隊が北から、第二小隊が南から進入する異方向同時攻撃を決意した。

直進に近い急降下時に、対空砲火に傷つきやすい艦爆の弱点を、実戦投入から半月で早くも彼が読み取って対処したのは、兵学校の同期生（五十八期）が語り合う「勤勉真摯《しんし》」な性格ゆえだろうか。

上：九六式陸上攻撃機の胴体下に付けた爆弾は、左右列に60キロが３発ずつ、中列に250キロが２発だ。大きさの違いを知れる。下：テントの下とはいえ、野積みに近い状態の60キロ陸用爆弾。大校飛行場（後述）での状景。

態勢を整えて高度三二〇〇メートルから降下を開始。飛行場が近づくにつれて、十数機の機影が識別できた。このぶんなら大型格納庫内にも多数機が入っているはず、と読んだのか、上敷領機が機首の向きを変えるのを列機が認めた。その直後に被弾し、たちまち火ダルマと化した同機は、爆弾を抱いたまま格納庫に突入。大爆発を生じ、もろともに砕け散った。

艦爆の実用実験時代からの操縦員で、「龍驤」から「加賀」に転勤し、当時二空曹として緒戦時の作戦に従事した小野了さんは、当時をこう回想する。

「艦上にいれば『龍驤』も大きいが、上空から見ると『俺、あそこに着艦できるかな』と心配になるほど小さかった。『加賀』はそんな不安を一度も感じないほど甲板が広く、発着艦で困ったことはありません」

「鉄橋の爆撃には二五〇キロ爆弾を一発だけ、そのほかの目標には六〇キロを二発積みました。鉄橋のまわりには銃座があって、ダイブしていくとそれらが目に入ってきて、撃ってくるのが分かる。いい気持ちはしません。だから出撃時になにか条件を作り、縁起をかついで安心を得ようとしたのです。『今日は動いている自動車を見たから、タマは当たらんぞ』というぐあいに」

「龍驤」艦爆隊、連日の敢闘

続いて「龍驤」艦爆隊の戦いを述べよう。

同隊にとって実戦第二日の八月十七日の目標は、上海の中心地区・閘北《こうほく》にあって、敵が根拠施設およびトーチカに用いている商務印書館。出撃前、飛行長から「敵味方の位置が接近し、各国の権益が混在している。偏弾（目標からそれた爆弾）や誤爆によって居留民、権益に被害を生じれば、ゆゆしき国際問題になる。充分に注意し確認せよ」と指示があった。

上海の閘北（チャーペイ。北部地区）にわく250キロ弾の爆煙。

搭乗員に上海の航空写真が配られた。両軍の戦線と外国の権益の所在が明示されている。道一つ隔てて外国権益が存在するきわどい状況を、関分隊長がかさねて説明し、注意をうながす。国際都市・上海で中国軍だけを相手に戦う難しさ。大速度ゆえに精度がそがれる航空戦、炸裂範囲を限定しにくい爆撃は、なおさらだ。艦爆をおいて市中の対地攻撃をやれる機材はありはしなかった。

市街上空にさしかかると、あちこちのビルの屋上に、警告し威嚇《いかく》するかのように外国の旗が見える。一角から上がる黒煙は、風の状態を知るいい手がかりだ。各機のペアは写真と市街を比較し、目標の商務印書館を見定めた。

重要軍事施設と知られたくないのか、がっしりした建物の印書館からは何の応戦もない。視界は良好で、的も大きい。訓練同様の条件だから、磨いてきた腕前がストレートに発揮される。六五〜七〇度の角度でつぎつぎに降下する九四艦爆の、二五〇キロ爆弾があやまたず命中、炸裂し、爆煙がわき上がった。

前日は二度とも不首尾に終わった、蔵増実佳一空が操縦するホ－二六一号機からの投弾も、三度目の正直で完全な有効弾なのを視認。「やった、やった、命中だ！」。偵察員で機長の的場豊一空曹の歓声が、伝声管を通じて響く。蔵増一空も「溜飲が下がりました！」と喜びの返事を伝えた。

十八日は、北西部に前進飛行場ありとの情報による捜索攻撃。艦爆一二機、艦攻三機が敵戦闘機を警戒しつつ飛んだが、誤情報だったらしく発見できず、第二目標の特志大学を爆撃。十九日の目標も飛行場で、敵戦を避けるため黎明《れいめい》に艦爆六機で嘉興を、薄暮に杭州を九機と艦攻二機とで空襲した。

黎明と薄暮では、着艦が夜間になる後者のほうが難度が高い。杭州は戦闘機在空の可能性が少なくないため、四方向から同時に突入したが機影はなかった。地上火器のおびただしい射弾をくぐって爆撃し、格納庫群を大破・炎上させ、全機とも帰着できた。

夜間飛行をこなせる蔵増一空の場合、八月十六日〜二十三日の八日間に一二回も出撃した。艦爆隊搭乗員の平均は九〜一〇回あたりだろう。初陣から休みなしなので、当然疲労がつのる。搭乗員だけは下士官兵も白米の食事。疲労予防剤の支給、荷役作業の免除といった待遇は、むしろ当然と言えよう。

「龍驤」で九四艦爆の着艦事故が起き、手すきの者が集まった。左翼端を抑え、右舷を上げて右車輪を浮かし、誰かを助け出そうとしているようだ。

搭乗員ばかりか、甲板作業を受け持つ整備員、兵器員たちの疲れも目立ってきた。飛行機の移動を水兵たちが手伝い、人柄にもよるのだろうが、艦内では隠然たる存在の看護科准士官までがすすんで機を押し始めた。

地上戦の進捗とともに艦爆の攻撃目標が増え、それにつれて小隊単位の出動も数を増す。二十七日も、上陸した陸軍師団をはばむ嘉定（上海の北西四〇キロ）の城壁、江湾競馬場付近の砲兵陣地などを一個小隊ずつで爆撃した。

砲兵陣地担当の小隊長は、十六日に「ホーク」Ⅲを撃墜している西脇中尉だ。先頭に立って急降下に入った西脇機に敵弾が当たり、火を噴いて墜落。後席の岡田空曹長とともに、中尉は「龍驤」艦爆隊で最初の戦死を遂げた。

不吉な出来事はあとを引いた。翌二十八日の二機による呉淞付近の砲兵陣地への爆撃で、九分隊でいちば

上海・江湾鎮を覆うすさまじい煙を九二式艦上攻撃機のカメラがとらえた。重要施設を日本機から隠すために中国軍が張った煙幕といわれる。艦攻の左下の平坦な区域は江湾競馬場。

ん若い操縦員の畠山一空と、ペアの偵察員・久下三空曹が帰らなかった。

高度一五〇〇メートルで降爆前の編隊解散にかかったとき、久下機に高射砲弾が直撃し、胴体と上翼中央部を破壊した。指揮官・関大尉機の判断では、久下三空曹は気絶したらしい畠山一空を気遣い、座席から身を乗り出し庇《かば》って、機外へ脱出しようとしなかったという。そのうちに安定を失って、味方の占領区域へ落ちていった。

「龍驤」艦爆隊が華中方面の作戦で失ったのは、これら二個ペア・四名だった。

滬《こ》杭甬《こうよう》線の上海と嘉興のあいだの、松江鉄橋を狙ったのは九月三日。風向が橋に平行し、対空砲火もない好条件のもと、各機の二五〇キロ爆弾は命中弾あるいは至近の有効弾になって任務を達成。そのうちの一機のペア、実戦初日に崑山鉄橋の爆撃でくちびるを噛んだ蔵増一空と的場一空曹が、快哉《かいさい》を叫んだのは記すまでもないだろう。

上海の次は南京へ

「龍驤」は九月八日まで対地攻撃を実施したのち、作戦行動を停止。十二日に馬鞍群島の錨地を離れて東進し、佐世保軍港へ向かう。十三日の朝、東方遥拝《ようはい》をすませた搭乗員たちは、午前十一時半に発艦して佐世保航空基地に着陸した。午後「龍驤」も入港し、八月十二日以来まる一ヵ月間の華中方面作戦のための航海を終えた。

だが、佐世保に停泊したのは三日間だけ。緊迫する華南の戦況に応じるべく、九月十六日の午後三時に出港していく。

佐世保帰投のさいに艦爆分隊では、九四式から九六式への改変がなされるものと考えられていた。ところが出港当日の朝、九四式の継続使用が伝えられ、搭乗員を落胆させた。愛知時計電機の九六艦爆の生産数は、昭和十一年度（十一年四月〜十二年三月）に一〇機、十二年度に九〇機だから、機材不足が原因なのは明らかだ。

上海一帯の空域は日を追って、日本海軍の空へと速《すみ》やかに変わっていった。続いて、制空権奪取と対地戦術攻撃の航空作戦は当然、上海の西北西二七〇キロに位置する華中の最重要地、首都・南京へ移行する。

中国方面の海軍作戦指揮のトップである第三艦隊司令長官の九月十四日付命令によって、艦上機と水偵が南京空襲、陸攻が華中奥地（漢口、南昌）および華南（広東、潮州）空襲の受け持ちに決まった。

9月後半の上海・公大飛行場に、くすんだ茶と緑の迷彩をほどこした「加賀」の九四艦爆が待機する。遠方にならぶ建物は滬江(ここう)大学の校舎。

これを受けて、九四艦爆一八機を含む合計四八機の「加賀」飛行機隊は十五日から、上海東端部の公大《クンダ》飛行場に進出した。まだ敵陣からの弾丸が場内に飛来する、油断できない状況下だ。五～六日前に、二連空司令部と十二空、十三空が先着していた。

艦爆隊は翌十六日に崎長大尉の指揮で、上海北部の揚行鎮のトーチカ陣地を爆撃。このとき大尉の三番機だった飯田光重二空曹—伊東忠男三空曹機が、被弾、墜落して失われた。ただしこの出撃は、公大あるいは「加賀」のどちらからなされたのか判然としない。

公大からの南京空襲は九月十九日から二十五日まで実施され（後述）、「加賀」は二十六日に佐世保軍港に帰投した。ここで艦爆は九四式から九六式に改変されて、十月上旬～下旬の間、華南の作戦に従事する。「加賀」と「龍驤」の艦爆隊の華南における戦闘は、改めて記述する。

一航戦と二航戦の両艦爆隊はまさしく、この機種における実戦面でのパイオニアだった。彼らの活動によって、拠点爆撃に対する艦爆の有用性が実証されたと言っていい。そして、機材の弱点や用法の欠点のいくつかも表面化した。

　真の日本艦爆元年とも言うべき昭和十二年を描写するには、もう一つの運用組織である基地航空隊の活動状況を加えねばならない。

奮戦する基地部隊

首都の制空権を奪え

　昭和十二年の盛夏から、激しい地上戦と、それを支援する航空攻撃がくり返される、華中の大都市・上海。しかし戦略的にさらに重要なのが、中華民国の首都・南京だった。

　敵国を降伏に追いこむには、その首都を占領するか、あるいは首都の軍事的、政治的そして経済的機能を失わせる打撃が不可欠だ。したがって、華中方面の航空戦の主担当者たる海軍が、地上部隊の進撃の前に、南京上空の制空権を奪取し、かつ地上の主要施設を破壊にかかるのは必然の行動と言える。

　加えて、上海や沖合の艦船へゲリラ的に飛来する中国空軍機の巣、南京周辺の飛行場を叩く必要もあった。おりからイギリス、ソ連製機の新着情報がもたらされた。

　日華事変の勃発によって新編され、艦上機を装備する第十二および第十三航空隊。この両

「加賀」艦爆隊よりもひと足さきに公大に進出した第十三航空隊の九六艦爆。
「加賀」機と同様の戦時迷彩だ。戦地標識の白い胴帯は下面を省略してある。

基地航空部隊と水上機部隊が戦力の第二連合航空隊が、上海市郊外に新設の公大飛行場に進出した状況は、既述のとおりだ。二連空の上部組織、上海沖の海防艦「出雲」に坐乗する第三艦隊司令長官・長谷川清中将の命令を受けて、公大の二連空司令官・三並《みつなみ》貞三大佐は空襲開始を九月十六日と予定した。

予定は三日間延びた。十七日に麾下部隊の各級指揮官に対し三並大佐は訓辞を述べ、旧来の艦戦隊と水偵隊への厚い信頼の言葉のあと、こう続けた。

「艦爆隊は初陣なるをもって、指揮官は指揮統制について特に細心の注意を払い、部下は指揮官の掌握を容易ならしむるごとく努力し、整々として進退し、敵の乗ずる機会なからしめんことを望む」

未知数の機種の行動に対する、彼の知識と表現力の不足が歴然だ。

いよいよ決行の十九日（の未明～早朝？）、三並大佐は上海総領事を通じ、南京への空襲実施を上海の各国領事館へ予告通告した。外国人と外国の権益に配慮したためだが、日本以上に中国で利益を吸い続けてきた白人諸国は当然ながら反発し、中国国民政府とからんで日本非難の国際世論をあおり始めた。

まきぞえ禁止の建物を含んだ市街地に対し、艦爆だけが有効な爆撃をかけられるのは、上海で実証ずみだ。それが南京でも功を奏しうるのか。

一週間、十一次にわたる南京空襲の第一次は、まず敵航空兵力の撃滅を目的に九月十九日に実施された。

午前七時五十五分から一〇分間に、甲基地と呼ばれた公大飛行場を出撃したのは、十三空の九六艦爆一八機と九六艦戦一二機（ほかに一機が離陸時に大破）。別に協力部隊・第二航空戦隊の「加賀」からの九六艦戦一機、基地部隊の第二十二航空隊と水上機母艦など艦載の九五式水上偵察機一六機が加わった。十二空は航続力不足の九五艦戦と低速の九四艦爆なので、おいてけぼりだ。指揮官は十三空飛行隊長で、艦爆操縦員の和田鉄二郎少佐。

それぞれの任務は、艦爆が飛行場の敵機破壊と誘い出し、艦戦が敵機の撃墜、そして水偵は艦爆の直接掩護である。自分たちより空戦能力が劣ると見なす水偵に、たとえ自分たちが翼下に六〇キロ爆弾二発を付けていても、直掩してもらうのは情けない、と思った艦爆搭乗員もいたようだ。

直掩の水偵をともなって、艦爆隊は三〇〇〇メートルの高度を進撃。その一〇〇〇メートル上空に、制空すなわち間接掩護の艦戦が占位していた。対空砲火の有効射程外を九六艦爆と九五水偵がめだつように飛んで、九六艦戦に対しておよび腰の中国戦闘機をおびきよせる、二航戦司令部の参謀の発案による囮《おとり》戦法だ。途中で、艦爆と艦戦一機ずつが不調のため引き返した。

一網打尽

出撃から二時間後、南京の手前五〇キロの句容（敵飛行場がある）あたりで、計略に引っかかった敵機が現われた。カーチス「ホーク」Ⅲ一二機ほどと、その半数のボーイング（P－26Cの輸出型で、第五大隊第十七中隊が装備したモデル281と思われる）である。

直掩の九五水偵のうち、艦爆編隊の後方にいた四機がこれに立ち向かい、敵三機の撃墜を報じたが、水上機母艦「神威《かもい》」からの一機が落とされたらしく未帰還になった。

それから一〇分のち午前十時ごろ、南京上空に待ち受けた二十数機の敵と、九六艦戦、九五水偵との大規模空戦が始まった。山下七郎大尉が指揮する艦戦隊は性能と技倆の差を生かして敵を圧倒し、一五分間に二一機の撃墜を記録。水偵隊もよく戦って、総計で撃墜三三機（うち不確実六～七機。二航戦戦闘詳報によるが、細かな数字が合わない。艦爆も二機を落とした可能性がある）が報告され、実際に空中には敵影が見あたらず、第一次南京攻撃のもくろみは達しえた。

この間に艦爆隊の主力が大校場飛行場を空襲し、一部は兵工廠へ投弾した。二連空司令部からは、中国兵を怖がらせればいいのだから特に命中の必要はなく、対空火器にやられないために二〇〇〇メートル以上の高度で投弾するよう、要望が出ていた。

不充分な性能ながら艦爆隊を直掩して、中国戦闘機とわたり合った「神威」搭載の九五式水上偵察機。爆弾投下も担当した。

大校場には場周にそって二〇機ばかりが置かれていた。二連空の要望どおり、これらの敵機を精密な急降下爆撃で狙い撃ちはせず、適当に六〇キロ爆弾を放って格納庫一棟を燃やし、在地機にもある程度の損害を与えたと判断された。爆撃時、十三空分隊長・川口茂彦中尉の編隊が敵戦闘機に襲われ、川口中尉―宮川一空曹機ほか二機の未帰還が出た。

川口機は投弾にかかる以前から戦闘機に追尾されていた。翌日の中国紙に「儀徴（南京の北東四五キロ）に墜落の敵機、機内に七分隊長・川口ら二名絶命」の記事があり、装具に書かれた記名を読み取ったものと思われた。

帰還時、九五水偵一機が不時着水（搭乗員は無事）したのを含めて、五機、八名を失ったが、作戦全体として充分な成果を収めたわけだ。

敵戦闘機はなお十数機残っていると考えられた。午前のできばえに気をよくしたせいか、手綱をゆるめず、同じ日の午後三時に十三空の九六艦爆一一機、十三空と「加賀」の九六艦戦一〇機、二十二空と艦載の九五水偵一一機の陣容で出動、第二次空襲を実施する。目的も戦法も第一次と同じだった。

大損害にめげず、敵機は南京から一〇キロ近く進出して待ち受けていた。九六艦戦の高度が高すぎ、断雲に視界を阻まれもして、艦爆にかかってくる「ホーク」IIIとボーイング281を襲うのが遅れた。

タイミングのずれで三機を屠《ほふ》っただけの艦戦隊に代わって、水偵隊が損失なしで六機撃墜を報じる健闘を見せた。これが事実なら瞠目《どうもく》すべき戦果だが、大きなフロートを付けた鈍速の九五水偵が、八〇キロ／時も速く（ただし共にカタログ値）上昇力も段違いの敵戦闘機に、一方的に勝ったとは考えにくい。急降下可能の単座戦闘爆撃機F11Cと内容イコールの「ホーク」III、水偵よりは間違いなく降下特性が鋭敏そうなボーイング281が、離脱機動をとったのを、墜落と誤認したケースが少なくないのではなかろうか。

九月十九日の前後二回の出撃に参加した各隊は、傑出した戦闘を展開したと認められ、感状が授与された。

南京空襲・第二ラウンド

翌二十日も第三次、第四次と、公大から二度の出撃がなされたが、前日とは内容が異なっていた。爆撃が主目的、出撃間隔の短さ、参加機数の変則などである。

午前十時すぎに高橋赫一《かくいち》大尉の指揮で出動した第三次空襲の戦力は、十三空の九六艦爆一二機と九六艦戦四機だけ。正午に南京上空にいたり、国民政府、参謀本部、中央無電台の各建物に二五〇キロ陸用爆弾を投下して、前二者を各々一発と二発の命中で大破させた。ボーイング少数機の邀撃を受け、艦爆一機が未帰還。

第三次の一時間後に南京の空に侵入した第四次攻撃隊には、十三空機は入っておらず、九六／九四艦爆一五機、九六艦攻一一機、九六艦戦二機はすべて「加賀」の所属（出動は公大から）。これに九五水偵一三機が加わっていた。艦爆隊に九四式を含めて、艦戦を二機にしぼったのは、すでに敵戦闘機の大半を撃滅したとの判断からだろう。

艦攻隊は二ヵ所の砲台を二五〇キロ爆弾で襲う。うち二機が旋回機銃で戦闘機一機と空戦し、燃料タンクに被弾しながらも撃墜を果たした。艦戦隊は撃墜二機、水偵隊は積極的交戦の機会を得なかった。

断雲を通して大校場飛行場を認めた崎長大尉指揮の艦爆隊は、合計二六発の六〇キロ爆弾による降爆を加え、激しい爆煙とともに諸施設を破壊する。追いすがる対空弾幕を振りきって、揚子江上空に達した午後一時半、四〇〇〇メートルの高度から「ホーク」Ⅲ三機が襲い

上：250キロ爆弾の直撃で壊れた大校飛行場の格納庫。
下：大校飛行場への空襲で、第５大隊・第17中隊のボーイング281戦闘機（P－26Cの輸出型）が残骸と化した。

かかってきた。

亀大尉の九四艦爆は列機との二機で「ホーク」一機に応戦したが、亀機の偵察席で機銃をにぎる黒木虎夫三空曹が胸部に七・七ミリ弾を受け戦死を遂げた。離脱する「ホーク」に、列機操縦の樋《ひわ》渡《たり》三空曹が立ち向かい、互いに後方につこうとする巴戦《ともえせん》に入ったが、優速の敵は離脱し遁走《とんそう》。その後、撃ちかかってきた別の「ホーク」Ⅲに対し、高度二〇〇〇メートルから三〇〇〇メートルの低空まで巴戦を闘った樋渡機は、仇討ちの撃墜を記録している。

二日後の九月二十二日には十二空の九四艦爆が参入。二連空は配属戦力を三分し、一日で第七次～第九次の出動に充《あ》てて、つぎつぎに重要施設を爆破した。漸次《ぜんじ》、弱体化しつつあった敵戦闘機隊は、第六次の九六艦爆一機撃墜を最後に、第七次には姿を見せず、以後は二十五日の最終十一次まで戦いを挑んでこなかった。南京の制空権は日本軍の手中に落ちたのだ。

佐伯空から十二空に転入した古田清人二空曹には、九四艦爆の旋回能力が大きくても、戦闘機と戦って勝てる自信はなかった。分隊長・江草隆繁大尉の二番機で南京空襲に加わったが、往路で油温が上昇したため、エンジンの焼き付きを恐れて最低速度に落とした。他機はそのまま先行し、取り残された古田二空曹は揚子江を伝って公大にもどってきた。さいわいエンジンは止まらなかった。

爆撃を終えて帰還した江草大尉は、落ち着いた口調で「向こうの戦闘機が来たら〔単機の〕お前はすぐ落とされたぞ。〔エンジン停止による不時着を避けた〕お前の考えは間違っている。焼き付いても随《つ》いてこい」と説いた。どちらが正解だったのか、二空曹の脳裡に判定しがたい設問として残り続ける。

敵戦闘機がいなくても、第八次空襲では十二空の九四艦爆二機と十三空の九六艦爆一機が失われた。いずれも降爆時の被弾が原因で、艦爆の不可避の弱点が露呈した。一一回の出動で失われた一〇機のうち艦爆が八機を占めており（九六式五機、九四式三機。他の二機は水偵）、太平洋戦争での過酷な消耗が早くも予感される。

地上目標の爆撃があいつげば、搭乗員の腕前は当然上がる。

第八次空襲の主目標、南京市街対岸の下関《シャーカン》首都電灯廠（南京の電力源）の周辺は、外国権益が錯綜する地域なので、ひときわ低空での降爆を実施。六〇キロ二二発のほぼ全弾を当てて破壊し去り、第三国に損害を与えなかった。

また第十一次には、軍政部、江北車站（停車場）と付近倉庫へ二五〇キロ九発を投下した。軍政部にはうち二発が命中したが、爆発力の大きさにもかかわらず、三〇〇～四〇〇メートルしか離れていない英仏両大使館にはまったく別状なかった。

江上の敵艦へ急降下

南京空襲作戦中の九月下旬、二連空はもう一つの作戦を実行する。それは中国海軍艦艇に対する爆撃だ。

上海と南京の中間、揚子江南岸の江陰には火力の充実した要塞が築かれ、その砲火に守られて軍艦が置かれていた。主力は「寧海《ニンハイ》」と「平海《ピンハイ》」。ともに日本で設計・建造された二五〇〇トンの軽巡洋艦で、装甲は薄く速度も遅いが、一四センチ砲六門を備え、河川用の弱小艦船には脅威的存在だった。この二隻は中国海軍の代表艦でもあった。ほかに一五二〇トンの「逸仙《イーシエン》」と六五〇トンの「応瑞《インロイ》」という砲艦二隻が停泊していた。

二連空としては南京空襲を完了したのちに、全力を敵艦撃沈に向ける考えだった。しかし、その砲撃力が南京方面の航空作戦の障害になりかねず、また下流を航行する味方艦艇を圧倒し揚子江封鎖作戦をおびやかす恐れがあるため、当座の使用可能機による速やかな爆撃を決定。公大からの進出距離が一四〇キロと短いから、旧式機ぞろいの十二空に主役の座がまわってきた。

第一次攻撃の開始は九月二十二日の午前。六〇キロ爆弾を六発ずつ搭載の九二艦攻一二機を九五艦戦六機が掩護して、正午に江陰上空に達する。雨天で視界がよくない。要塞と艦艇からの弾雨をついて、艦攻は六機ずつ異方向から進入し、水平爆撃により「平海」に直撃弾二発のほか、両軽巡への水中有効弾を得た。

揚子江河岸の中国砲艦「応端」が第十二航空隊機の爆撃にねらわれ、使用不能にいたる。10月２日には河底に消えていた。

第二撃には同日の夕刻、九二艦攻六機が対艦船用二五〇キロ通常爆弾を抱いて、九五艦戦三機とともに発進した。雲のため軽巡が見えず、小型砲艦「応瑞」に目標を変更。艦首に至近弾どまりだったが、脆弱な小型艦なので使用不能にいたった。九四艦爆が出なかったのは南京空襲に使っているからだ。

視界不良時に高度二五〇〇メートルからの水平爆撃で、さほど大きからぬ艦に命中させるのは容易ではない。そこで二十三日は南京空襲を休み、艦爆戦力を江陰へ集中して、一気に撃沈を図った。十二空から九四艦爆一二機、九二式艦攻九機、九五艦戦三機、十三空から九六艦爆一四機が、公大から三個グループに分かれて逐次離陸していった。

　午後二時十五分に十二空艦爆隊が最初に発進したのに、三〇分遅く上がった十三空艦爆隊が三時半に目標上空に到達し、わずかに遅れて十二空が着いた。先発と後発が逆転した原因は、もちろん九四式と九六式の速度差にある。

　飛行隊長・下田久夫少佐が指揮する九六艦爆は、高度二〇〇〇〜二五〇〇メートルから急降下に入り、六〇キロ通常爆弾を「寧海」に二発直撃させ、「平海」には四発が水中有効弾になった。驚きあわてたのだろう、「寧海」は錨を捨てて（乗組員にとって恥辱的行為）上海へ離脱にかかった。

60キロ爆弾を翼下に持つ十三空の九六艦爆。250キロとの混載はしない。胴の日の丸は降爆時の誤認を避けるため大きい。

　飛行隊長・田中一大尉の率いる九四艦爆は、火網を分散させるべく、十三空とは反対の西側から該当空域に進入。高度二五〇〇メートルからの「平海」への降爆で六〇キロ直撃弾二発、水中有効弾四発を加え、大ダメージを与えたものと認められた。

戦闘機の護衛付きで、この間に要塞上空に到達した艦攻隊の目標は、対空火器の破壊にあった。弾幕を引き付けつつ六〇キロ爆弾を落として、高射砲や兵舎を大破炎上させたのち、一個小隊三機が「平海」に対し、意識的に残した一発ずつを投下、直撃を果たした。

60キロ４発の直撃弾によって、軽巡洋艦「寧海」は揚子江岸に右傾擱座した。敵側の抵抗が少ない、低難度の対艦爆撃だった。「神威」の九五水偵から撮影。のちサルベージされ、傀儡(かいらい)の南京政府艦隊、ついで日本海軍に用いられる。

　二十五日の第四次攻撃は残敵掃討で、十二空艦攻隊が溯《そ》江《こう》中の大型砲艦「逸仙」に、水中有効弾五発を食らわせ、そのうえ南京空襲帰りの九四艦爆が同艦の中央部に六〇キロ一発をぶち当てて、ついに擱座《かくざ》させた。同じく南京空襲後の九二艦攻も、「寧海」らしい艦に六〇キロ直撃弾二発を得た。

　結局、軽巡二隻と砲艦二隻は擱座または大破して戦闘不能と化し、二連空は目的を達した。損害がわずか被弾三機（修理可能）にすぎなかったのは、南京空襲で敵戦闘機隊を叩いたおかげとも言える。

初の本格的な対艦攻撃で、艦爆の命中率は艦攻とくらべて、直撃弾が二倍、水中有効弾は一・五倍だった。この比率を見て感じるのは、急降下爆撃の意外な精度の低さである。さらに、投弾数に対しそれぞれ一〇パーセントと一六パーセントと知らされれば、ハイリスクだがハイリターンの艦爆の存在価値すらも、いささか危ぶんでしまう。目標が動かない据《す》え物斬りで、最大のじゃま者である戦闘機がいなかったにしては、さえない数字なので。

今回の対艦投弾の命中率は訓練時の二分の一だという。厚い弾幕を冒しての急降下爆撃の効率は、この程度に下がる、と二連空司令部は判断した。また、六〇キロ爆弾の威力が予想外に小さく、もし装甲の薄い小型艦艇に対し、水中爆発で高い効果を得ようとするのなら二五〇キロ爆弾を用いるべき、との所見が提示された。

昭和十二年の艦爆隊の運用は、日本海軍にとっていまだ手さぐり状態で、ようやく真の活動元年が始まったばかりといったところだった。

上海地区で地上を叩く

艦上機装備の十二空、十三空の二連空と各種水上機隊は、十二年九月のうちに首都・南京の上空と飛行場で中国空軍の主力を壊滅に追いこみ、返す刀で揚子江の艦艇を葬った。華中東部の敵兵力を、海軍にとって危険度の高い順につぶしたわけで、空、海ときて、次の相手は陸の番だった。

陸とは、かねて陸軍・上海派遣軍から要請が出ていた陸戦協力、すなわち地上部隊に対する支援行動だ。華北が主担当域の陸軍航空は、海軍航空の上海付近における陸戦協力の遅れ（右記作戦のため）ゆえに、第三飛行団の派遣を決めたが、態勢を整えて作戦行動を始めるのは十月十七日からと時間を要した。

9月下旬～10月、第二連合航空隊の艦爆と艦攻の空襲下、上海の市街地から噴き上がる煙は目標を隠すための中国側の放火ともいう。艦船がひしめく手前の川は東側を流れる黄浦江。

ようやく余裕が出た二連空は、九月末に陸軍側と協議ののち、十月早々に公大飛行場からの出動を開始する。任務は、第三師団、第九師団、第百一師団の戦闘を助ける直接協力（対峙《たいじ》する地上部隊への攻撃）と、敵前線の後方（前線背後の要地）爆撃、それに兵站《へいたん》（補給機関）の破壊にあった。

初日の十月一日、十二空は上海北西の要衝・大場鎮と周辺の砲兵陣地を主体に、九四艦爆、九二艦攻それぞれ延べ三〇機で後方爆撃を加え、ほかに直接協力として九二艦攻四機で百一師団の戦線正面に空襲をかけた。十三空の方は逆に直接協力に主力を割き、九師団へは九六艦爆延べ三一機を投入。後方爆撃は雨翔（上海の西北西二三〇キロ）に対し九六艦爆一〇機が投弾した。

十二空の九五艦戦、十三空の九六艦戦が一機も護衛に付かないのは、敵戦闘機隊がすでに潰されてしまって現われる心配がないからだ。敵機がおらず対空火器もろくに反撃しない空を、艦爆と艦攻はまさしく我がもの顔で飛びめぐった。

制空権の奪取こそが、航空戦に勝利するための最大の要因だ。敵戦闘機を一掃し、爆撃への専念を実現させた、九六艦戦の存在価値と南京空襲第一撃の成功に、どれほど大きな意義があったかが分かる。

九四艦爆の六〇キロ爆弾二四発を受けた外崗鎮《がいこうちん》の部落の大半が破壊され、九二艦攻の三〇〇キロ爆弾二〇発と二五〇キロ爆弾四発、六〇キロ爆弾七四発で大場鎮市街も同じ運命をたどった。九六艦爆の六〇キロ六二発が正面の敵陣地を爆破したため、九師団は大きく前進できた。二連空は延べ一〇五機の出撃で被害皆無である。

建物が入り組んだ上海市街地はもとより、郊外の村落や田園地帯の塹壕《ざんごう》にしても、彼我の地上部隊の前線は接近し、錯綜する。上空からでは、敵味方の識別は言うに及ばず、兵がいるのかどうかすら判断をつけがたい場合がしばしばだった。

誤爆を避けるためには、航空隊と地上部隊が密接な連絡を取りあう必要がある。そこで三師団に十二空飛行隊長・岡村基春少佐（艦戦操縦）、九師団に十三空飛行隊長・和田鉄二郎少佐（艦爆操縦）の両要職者を連絡将校として派遣し、直通の有線電話で前線との連携を保つことにした。最初の実施日は十月二日だ。

この日、十二空は直接協力に九四艦爆二五機と九二艦攻一二機、後方爆撃に九二艦攻七機と九五艦戦二三機を使用した。艦戦はもちろん護衛用ではなく、翼下に六〇キロ二発を吊って銃爆撃をかけさせる。十三空の方は九六艦爆だけを出し、直接協力に二一機、後方爆撃に一五機をあてた。爆弾は合計一八〇発すべてが六〇キロだった。〔二〇機台は延べだが以下、機数だけを記す〕

連絡将校の派遣は功を奏し、誤爆なしで地上部隊の要望を満たしている。中国軍は空襲と地上戦に耐えきれず、西方および西南方へ後退するのが空中から認められた。

ただし敵の対空射撃も果敢だったようで、新木橋の陣地を爆撃中の十三空の艦爆が命中弾を受け、火を噴いて敵陣に突入。搭乗の篠原三空曹と室井一空は戦死した。敵射手が機動を見なれ、見越し射撃に長じてきたためか、ほかにも部品交換が必要な被弾機（艦攻か艦爆か不明）が四機あった。

陸戦協力の威力を実証

二連空は十月三日以降、雨天を除いてほぼ連日、同じような作戦を続けていく。

同月なかばまでは十二空の艦爆と艦攻が全力で出動したのに比べ、新鋭九六式トリオ装備の十三空では、なかでも爆弾搭載量の大きい九六艦攻が南京、広徳、蕪湖《ぶこ》などへの随時の空

農作地帯に造られた、波形をなして続く中国軍の塹壕線。こうした陸戦協力の目標には主として60キロ爆弾が使われた。

襲に使われて、全面的な陸戦協力とは言いがたい状況だった。

砲兵陣地攻撃と両師団正面での直接協力を十二空、兵站への攻撃を十三空と分担を決めた十月十七日、十三空は九六艦爆二五機、九六艦攻六機をくり出して本格的な参入を開始。二十四日には十二空の艦爆三四機、艦攻三九機、艦戦五機に対し、艦爆一五機と艦攻一七機が南翔、真如などの補給ルートを爆撃した。この日が十月の最大規模の出撃で、投弾は二五〇キロ四二発、六〇キロ三二九発、三〇キロ三二発を数えた。

十月一日から二十七日までに、陸戦協力をしなかったのは二日間だけ。これだけひんぱんに爆撃し続ければ当然、地形識別能力や投弾技術は向上をみて、味方陣地からほど近い位置の敵にも痛撃を浴びせ得る。二十六日夕刻の大場鎮占領にいたる地上部隊の進撃と、中国軍の後退は、十二空、十三空の協力なくしては困難な成果だったはずだ。途中参入の陸軍第三飛行団の爆撃機よりも、二連空のほうが貢献の度合は文句なく大きかった。

二五日間に二連空の延べ一六六八機が投下した爆弾は五二七一発、三六三トンにのぼった。最も多量に使われたのは六〇キロの四九〇四発で、個数なら九三パーセント、重量でも八一パーセントを占める。次は二五〇キロの一九四発だから、格段の差がある。

12年10月、十三空の九六艦爆が上海郊外に撃墜された。陸戦協力か、あるいは近くに存在する精油所が目標だったのか。

これだけの多数機が作戦飛行して、被弾による墜落が五機（十二空一機、十三空四機）ですんだのは、敵の戦闘機の不在が主因なのは言うまでもないが、対空火器の貧弱さを想像させる。加えて五機のいずれもが艦爆だったのが、急降下爆撃のハイリスクを証明していよう。疋田《ひきた》外茂中尉ら一〇名の搭乗員は全員が戦死をとげた。ほかに十二空の一機が降爆中に、戦果偵察の九五水偵と接触、墜落し、やはり搭乗員は戦死をまぬがれなかった。

十月の陸戦協力によって得られた経験に基づく所見のうち、興味ぶかいものをならべてみよう。まず二連空司令部の判断。

▽今回の作戦では航空兵力が彼我の最大の相違点で、わが軍が充分に活用できたのに、中国軍には皆無だっ

た。飛行機の在空中は敵砲兵は見つかるのを恐れて射撃せず、また兵員や物資の移動を夜間に限っていた。

▽制空権確保と航空兵力の活用は陸戦成功の最重要要素なので、戦闘開始後なによりもまず飛行場の確保をはかる。

▽飛行場と前線を直通電話で結ぶと有効。

▽爆撃目標に選ばれるのは、最前方に位置する塹壕よりも、そのすぐ後方の敵兵がひそむ部落の場合が多い。したがって、多用された瞬発信管付き六〇キロ陸用爆弾よりも、延時（遅延）信管付きのほうが有効で、焼夷弾の併用を要する。

▽艦爆は雲高が低いと危険で降爆できず、また爆弾を二発しか積めない。被弾率も高いため、陸戦協力には艦攻のほうが適している。

次に十二空の所見。

▼海軍航空の主任務は陸戦協力ではない。しかし、このたびの陸戦協力を遂行しなかったら、上海派遣軍の作戦は困難な状況に陥っただろう。

十三空の所見は実情にそって具体的だ。

▼戦場上空に警戒隊を飛ばす必要がある。その任務には三〇キロ爆弾二発を付けた九五艦戦が適する。

▼目標には、急降下爆撃の精度を要するもの、比較的広い範囲に多くの爆弾を落とす必要が

あるもの、大型爆弾の破壊力が必要なもの、といった各種ケースがあり、用途に応じて左記のように機材を分けると効果的。

戦場付近――艦爆、艦攻、警戒隊として艦戦（二座水偵も）

後方交通線――艦爆

後方兵站《へいたん》線――艦攻、陸攻

▼対空火器の充実した目標に、艦爆が同一方向から降爆にかかると後続機が狙われやすい。そこで最大戦術単位（同一方向からの一個集団）を六機までに止め、各単位を異方向から分散使用すべきだ。

九六式はここが違う

昭和十二年の後半の艦爆は、九四式と九六式が混用されていた。既述のように生産上の理由による機数の少なさが主因だが、運用上きわだった性能差がない点も、同時期に同じ戦場で使われた副次的な要素だ。

両機の大きさはほぼ同じ。外形も似ていて、九四式が生産途中で偵察席前部の改修や主車輪カバーの付加などを施されたため、外形上、一見して分かる九六式との相違は、エンジンを覆うタウネンドリングの浅さ（九六式はNACAカウリング）が残るだけである。

性能的にはどんな差があるのだろうか。割りを食って九四式を使い続けた十二空が、やっ

外形に大きな相違はなくても、九四艦爆よりいくぶん力強さを増した九六艦爆。主車輪カバーは外してある。16年の春、霞ヶ浦航空隊の訓練用機が160リットル増槽を付けて飛行中。

と九六式に改変されるとき、飛行科分隊長から搭乗員にわたされた『九六艦爆操縦上の注意事項』には、両機の具体的な特徴差、性能差に関してはなんら記述されていない。唯一、最終行に「サーボラダーの如き繁雑なる装置のものを取り付けあらず。且《か》つ後席運動圏、改良しあり」とあるだけだ。

サーボラダーについては、すでに述べた。昇降舵の後縁にタブ状に付いた細板がスロットルレバーと連動する仕組み。降爆時、レバーを倒して二五〇キロを投弾すると同時に、この細板の作動により昇降舵が上げ舵をとる。つまり、なんらかの理由による操縦桿の引き起こし操作不能（操作忘れ）の予防装置なのだが、降爆に慣熟し、自分流の引き起こしタイミングを有する操縦員にとっては、むしろじゃまな存在でしかない。生産面では無論ない方が作りやすくていい。

九六式の中島「光」一型（と一型改）は単純な単列九気筒の空冷エンジンなのに、出力データが何種類もある。いずれにせよ公称で百数十〜二〇〇馬力強力だから、多少の重量増をカバーして飛行性能が上がったのも、前に記したとおりだ。

けれども数字を並べただけでは、実感をつかみにくい。九六式と九四式の差についての操縦員の印象はどのようだったのか。

十二空で二空曹だった古田清人さん。「九四式の巡航速度九〇ノット（一七〇キロ／時弱）に比べて、九六式は一〇〇〜一一〇ノット（一八五〜二〇〇キロ／時強）と若干速いが、飛行特性はほとんど同じ。操縦感覚も変わりません」

霞空の指揮所で嶋崎重和大尉（左）ら幹部が、高度3000メートルから65〜70度で降下する九六艦爆の訓練を見る。

のちに「赤城」の艦爆隊分隊長として真珠湾を襲う阿部善次《ぜんじ》さん。十二年三月に兵学校を卒業し、この物語の時点の同年秋には少尉候補生で重巡洋艦「熊野」の高角砲分隊士を務めていたが、やがて飛行学生を命じられ、大村空で両艦爆に搭乗する。「九六式は九四式より馬力があって、重たいという感じですね。操舵感にはあまり差がなかった」

二人の談話は異口同音。ほかに付け足す言葉はいらないだろう。

艦爆は二座機だから、操縦員の評価だけでは不充分だ。偵察員が乗る後席についての感想が欠かせない。

阿部さんと同期（六十四期）の有馬敬一《けいいち》さんはやがて、激闘の第二次ソロモン海戦で古田さんとペアを組む。少尉候補生のとき「蒼龍」の通信分隊士の辞令を受け、占領後の南京・大校場飛行場に進出し、同期生のうちで大陸の戦場のにおいをいち早く嗅いだ。搭乗員志願者の大半が操縦をめざすのに、飛行学生のおりに将来の貢献度を見すえて偵察を希望した理論家である。

「九四式にあった複操縦装置が、九六式には付いていません。わずかに広さが増して、居住性が少しよくなっていました」。有馬氏の談話はまさしく、『九六艦爆操縦上の注意事項』に記載された「後席運動圏、改良しあり」にぴたりと合致する。

ふたたびの連続対地支援

要衝・大場鎮の占領から西進し南京へ迫る、華中における基幹作戦を促進すべく、上海の南方、杭州湾北岸の金山衛城から陸軍の第十軍が上陸を開始する。

その前日の十一月四日、上海・公大飛行場の二連空司令部に、上海沖に浮かぶ旗艦「出雲」の第三艦隊司令部から、第十軍の上陸に対する直接協力とその後の進撃への支援が下令された。二連空は上陸初日の作戦について、十二空の主力は金山衛城の城壁（中国の大きな市街は城壁に囲まれている）破砕と敵部隊爆撃、十三空の一部戦力は上陸部隊への直接協力を、それぞれ早朝から始めるように振り分けた。

当日の五日、予定どおり輸送船団の投錨から二時間後の午前五時三十分、上陸が始まった。おり悪しく公大の空は、ベタぐもりのうえ霧まで出ていたが、第三艦隊の「しだいに好転する」旨の気象予報を頼りに、十二空はまず午前五時に九二艦攻六機、ついで六時二十五分に九四艦爆八機を出動させた。

離陸後いきなり雲と霧の中。雲上および雲下を六〇キロ（直距離）飛んで、苦心のすえに上陸地帯の上空に到達したが、低く垂れこめた雲におおわれて照準など到底不可能なため、無為のまま帰途につく。劣悪な視界ゆえだろう、艦爆一機が黄浦江南岸の浦東に墜落し、大倉三空曹と早川一空のペアは戦死した。

その後も天候回復の見こみはなく、偵察飛行を試みただけで、ついに初日の航空支援を断念せざるを得なかった。さいわい第十軍（第六、第十八師団が主力）への敵の抵抗は小さかったため、滞《とどこお》りなく速やかに進撃できていた。

上陸第二日の十一月六日、隷下二個師団の状況と敵のようすを把握できない第十軍司令部に代わって、十二空の九四艦爆と九二艦攻、それに九五艦戦を加えた合計一九機が朝から正午まで、いぜん不良な天候を突いて偵察に出動し、逐次現状を報告。やがて雲の高みが増す

上海・公大飛行場からの出撃状況。地上で離陸にかかる九六艦攻は十三空、上昇する九四艦爆は十二空の所属機で、どちらも60キロ爆弾を付けている。

とともに、十三空の九六艦爆と九六艦攻も参入して、対峙《たいじ》する敵を叩く直接協力と後方の拠点爆撃に移った。

翌七日は雨で飛行不能。一転、朝から快晴の八日、二連空の陸戦協力は本格化する。

午前七時からの九五、九六艦戦による両師団正面の急速偵察に続いて、艦爆と艦攻は六師団支援の松江、青浦、十八師団支援の楓涇《ふうけい》、嘉善の敵部隊を空襲。さらに退却する敵を松江～青浦、青浦～崑山の道路に捕捉し、銃爆撃の追い撃ちを加えた。

終日の延べ出撃数は各機種を合わせて六五機。艦爆の行動とは直接の関係はないが、唯一の未帰還機が、朝の急速偵察時に低空を飛んだ十二空の九五艦戦で、間瀬平一郎空曹長が搭乗していた。

本稿の冒頭部分で述べたとおり、源田サーカスの一員として名高い彼は、一空曹当時の昭和七年に、急降下爆撃のなんたるかを横須賀空で実験した一人だった。

九日には敵の後退に応じて、さらに多数機が出動した。直接あるいは間接の陸戦協力に、十二空の艦爆一一機、艦攻一六機、艦戦一六機、十三空の艦爆一三機、艦攻八機、艦戦六機が爆撃、銃撃を加え、ほかに十二空の計八機が偵察に従事。また十三空の計一五機が敵兵増派の情報に基づいて、蘇州～嘉興の鉄道と列車を襲った。

敵機の反撃がなく、やり放題に近い地上攻撃なのだが、問題点がないではなかった。それは味方最前線標示のまずさだ。敵味方の位置が接近した状態では、明確な味方標示がないと誤爆につながりかねない。十三空の艦爆、艦攻は十日と十一日、嘉善における十八師団の支援攻撃のさいに、標示の不手ぎわによる照準の困難を訴えている。

十八師団司令部へは、十三空から飛行隊長・中野忠二郎少佐（艦戦操縦）が連絡将校として派遣されていたが、前線部隊への指示通達は以心伝心とはいかなかった。

第十軍の杭州湾上陸（第二陣を含め合計一一万名）が完了した十一月十二日、十三空の九六艦爆が嘉善付近のトーチカを爆撃。これで二連空の両師団に対する陸戦協力は一段落した。七日間の出撃数は合計三七三機、うち艦爆が一五三機で、艦攻と艦戦をしのいだ。爆弾は八八〇発、六三・九トンが投下され、やはり六〇キロが大半を占めた。

十月の上海地区に続いて、今回の杭州湾上陸関連でも、艦爆による対地攻撃の有効性が実証されたのだった。

華南を飛ぶ

広東《カントン》に爆撃照準

昭和十二年八月中旬〜九月上旬、上海を中心に華中方面の作戦に従事していた第一空襲部隊母艦部隊、すなわち第一航空戦隊の空母「鳳翔」と「龍驤」は、佐世保軍港に帰投してわずか二日後の九月十五日に再出動にかかった。目的地は華南だ。激しい地上戦と航空戦が展開されていた華中、華北に比べて、華南における交戦はいまだ本格化していなかった。

日本軍にとってカヤの外の英租借地・香港に次ぐ、華南の大都市の広東。その周辺飛行場に存在する中国空軍機と航空施設を叩くため、第三空襲部隊（第一連合航空隊）の木更津空と鹿屋空の九六陸攻が、八月末に台湾から第一撃をかけた。九月なかばの第二撃もやはり台湾からだった。

問題は敵戦闘機だ。敵が航空兵力の集中に努めているところへ侵入させれば、虎の子の陸攻が食われる恐れがある。といって、視界劣悪の夜間爆撃では成果が上がらない。

九月中旬の時点で、華南には日本軍が占拠した飛行場はないから、戦闘機を随伴させるなら母艦機を使わねばならない。艦爆と艦攻が拠点爆撃に役立つのは、すでに華中で実証ずみだ。そこで一航戦の空母の華南出馬が下令された。

「龍驤」では十五日に、華中で多用して減った六〇キロ爆弾だけ三五〇発を追加積載。十六日の午前、補用の九四艦爆三機を収容し、佐世保航空基地では既存搭載機の整備と羅針儀《コンパス》の磁差修正をすませた。「龍驤」が佐世保を出港して一時間たった午後四時に飛行機隊は佐世保空を離陸、外洋に出た母艦に着艦した。

艦爆の機種改変がなされなかったのは、九六式の不足というよりも、新型機の慣熟に費やす時間がないのが主因だった。

てっきり九六式を使えるものと思っていた艦爆搭乗員たちは、九四式での戦闘継続に失望を隠せなかった。既述のように九四式と九六式の性能差はさほど大きくないが、戦果と生命がかかっているのだから、わずかなりともより優れた機材で戦いたい気持ちを抱くのは当然だ。

九月十八日の朝、九二艦攻三機が発艦して、台北基地（松山飛行場）へ向かう。九六陸攻の第三空襲部隊との連携作戦の打ち合わせのためだ。目標の第一は飛行場および在地機、第二が兵器、火薬などの軍需工場。十九日には総攻撃についての研究会が催された。

広東とその周辺地区には飛行機組立工場や飛行要員訓練組織が存在し、白雲、天河両飛行場にはカーチス「ホーク」Ⅲ戦闘機、ノースロップ2E軽爆撃機など合わせて約四〇機のほか、五〇門ほどの高射砲が配置されている、との情報が一航戦搭乗員に伝えられた。

作戦開始予定日の二十日は、曇天が小雨に悪化して出撃を中止。翌二十一日も天候は回復せず、陸攻隊は作戦を取りやめたが、一航戦は午前、午後の二度の飛行場、軍需施設攻撃を実施した。

午前の戦力は「龍驤」から九五艦戦一五機、九四艦爆一二機、九二艦攻三機の合計三〇機。別動の「鳳翔」の機数は判然としない。「龍驤」飛行機隊の全力に近い編隊は明け染めかける洋上を北へ飛び、香港とポルトガル租借地・澳門《マカオ》の領空にかからないよう注意ぶかく広東湾上空に、高度をかせぎつつ進入する。三三〇〇メートルに達して水平飛行に移った。

断雲からしだいに密度を増す雲間から、広東市街地が認められた。偵察員はすでに旋回機銃をかまえて臨戦態勢だ。もう、いつ敵戦闘機が現われてもおかしくない。

艦爆一小隊の蔵増実佳一空の目に、いきなり右前方から来襲してくる二機の「ホーク」Ⅲが映った。機長で偵察員の的場豊一空曹に伝声管で伝えると、「おう、心得た！」の返事があった。

的場一空曹の旋回機銃が火を噴く前に、上空に占位していた九五艦戦三機の小隊が敵機を見つけて、雲の切れ間へ逃げこもうとするのを追っていく。うまいぐあいに、その切れ間からめざす白雲飛行場が見えた。

すぐさま編隊を解いた艦爆隊は、小隊ごとの単縦陣で雲間に突入し、飛行場をめがけて急降下に移る。意外なかたちの奇襲攻撃にかかれて、対空火器の反撃が開始される前に二五〇キロ爆弾が飛行場の施設に向けて放たれた。

的場機からの爆弾は、蔵増一空が狙ったとおり格納庫に命中。このころ高射砲弾が炸裂し始めた。三ヵ所から噴き上がる大火災を尻目に、艦爆隊は被害なく帰途につく。

「龍驤」に帰艦後、艦内放送で「敵機一一機撃墜せり」と伝えられた。これは確実撃墜の分で、ほかに不確実が二機あり、飛行場の地上機の撃破も報じられている。味方の損失は、燃料不足と天候不良による九五艦戦五機の不時着水。

午後には「龍驤」から艦爆一六機と艦戦三機が、天河、白雲両飛行場と付属諸施設を目標に発艦。被弾一機の軽い被害に対し、撃墜六機（うち不確実二機）と施設破壊が記録された。

燃え落ちる分隊長機

一航戦の戦闘機隊（艦戦隊）は交戦初日において、広東地区の中国戦闘機の過半を撃墜破したと考えられた。華中の南京周辺の上空で十三空の九六艦戦などが、敵戦闘機の主力を一交戦でつぶしたのと似た状況だ。

この戦果は九六陸攻の一連空首脳部を喜ばせた。一航戦がもうひと押しすれば、陸攻の最大の障害である敵戦は壊滅に追いこまれるだろう。そこで翌日の九月二十二日には、午前の一航戦の攻撃のあと、九五艦戦の掩護を受けた陸攻隊が爆撃を加える計画が立てられた。

二十二日、二隻の空母から発進した艦爆、艦攻各九機と艦戦一〇機は、白雲および従化の

対空砲火を受けて広東近郊の白雲飛行場に墜落し格納庫前に集められた、「龍驤」艦爆隊分隊長・吉沢政明大尉機の残骸。

飛行場をめざす。「龍驤」の艦爆の指揮は九分隊長の関衛大尉が風邪を引いたため、先任の八分隊長・吉沢政明大尉にゆだねられ、搭乗割も彼の分隊の機に入れ替わった。

「龍驤」艦爆隊は吉沢機を先頭に白雲飛行場に襲いかかる。しかし、邀撃に慣れてきたのか敵の対空砲火は激しく、降下に入ったばかりの吉沢機が被弾。たちまち火炎に包まれて墜落し、大尉は偵察員の細川一空曹とともに戦死した。

放たれた二五〇キロ爆弾は、格納庫など残存の諸施設にあいついで命中し、爆撃効果は上がったけれども、分隊長ペアを失ったのは痛かった。

午前の作戦が終わった「龍驤」の飛行甲板に、九機の九五艦戦が発進待機のかたちで並べられた。やがて午後二時、上空に九六陸攻一八機が現われた。台北・松山飛行場からやってきた一連空の戦力だ。軍需施設と飛行場を空襲し、迎え撃つ中国機を追い払うための戦爆連合だったが、敵戦は姿を見せなかった。早くも対戦闘機戦は終息を迎えた観があった。

陸攻の爆弾投下高度を三五〇〇メートルと聞いた蔵増一空は、ある種のうらやましさを禁じ得なかった。艦爆だと高度四〇〇〜五〇〇メートルで投弾ののち、惰性で降下が続き、二〇〇〜三〇〇メートルでようやく上昇にかかる。この程度の高さだと、対空機関砲はもとより、歩兵用の軽機関銃や小銃にまで狙われてしまう。

装備兵器がかなり劣る中国軍を相手の戦いですら、櫛《くし》の歯が欠けるように戦友が散っていくありさまが、急降下爆撃のマイナス面たるハイリスクを、一空にあらためて感じさせたのだった。

ところが翌二十三日、爆、攻、戦、合計一八機の「龍驤」飛行機隊と、ほぼ同規模の「鳳翔」飛行機隊とが連携しての、茶頭火薬廠攻撃のさい、艦攻隊の行動が彼の目に焼き付いた。六機編隊の機影が、ときには見え難くなるほどの高射砲弾の炸裂にさらされながら、二〇〇〇メートルの高度を保ったまま、爆撃針路を等速で直線飛行するシーンだ。

「艦攻隊の豪胆さに感服し、急降下だけが危険な爆撃手段ではないと覚《さと》った」。蔵増さんは戦後にこう回想している。だが、これは彼の人となりがなさしめる謙譲の表われだと、筆者は解釈する。

水平爆撃は忍耐を要する投弾法だが、高度差が大きいため地上火器の命中率は予想外に低い。目標の未来位置を予測する高射算定具も、大戦初期まではろくなものがなかった。のちに米軍が用いたＶＴ信管付き砲弾は別として、当たれば不運といった程度でしかなく、門数が少ないと場合なら命中しないと決めつけて飛べる（恐怖感はあろうが）。

これに比べて、まっしぐらにどんどん高度を下げてくる降爆は、確かに狙われやすい。そのうえ急機動状態なので、被弾の損傷が小さくても致命傷に化けがちだ。高G下では被弾機の姿勢の回復も困難で、往々にして地表や海面にぶつかってしまうのだ。

危険度を低めるため、「龍驤」艦爆隊は一ヵ月後に艦長命令で投弾高度を一〇〇〇メートルに上げてみるが、命中不能の結果を招き、急降下爆撃の意味を喪失した。

日華事変における艦爆の損失率は、確実に艦攻を上まわった。その差は対米戦争勃発後しだいに開き、戦況が傾くにつれ他の要因が加わって、なお一層の差を生じていく。

「龍驤」、上海攻防戦にカムバック

このあとの攻撃目標が交通機関など、純然たる軍事施設以外にも及ぶため、広東市民への避難勧告の伝単（ビラ）を撒いたのち、「龍驤」と「鳳翔」は台湾西岸沖の澎湖島・馬公《ばこう》に九月二十四日に入港した。燃料、弾薬の補給が目的だ。

二日後の夜明けに馬公を出て、二十七日に華南攻撃を再開。「龍驤」艦爆隊はまず広東から北へ伸びる粤漢《えつかん》線の銀《ぎん》戔《せん》拗《よう》鉄橋を破壊し、二十八日は広東の真北六〇キロにある琶江《はこう》兵器廠に大火災を起こさせた。

二十八日の当初の目標は広東駅だった。これが山間部の兵器廠に変更されたのは、外国権益への誤爆に対する配慮よりも、多数の一般市民殺傷によって受ける外国からの批判を懸念したためと考えられる。

一航戦の華南での作戦行動は九月二十八日で打ち切られ、両空母の戦力はふたたび華中の上海およびその周辺へ向けられていく。二連空の第十二、第十三航空隊の戦いに参入して、陸戦協力と軍事、軍需諸施設へ拠点爆撃を加えるのが目的だ。

空母からの発艦機にはまず洋上飛行が待っていた。編隊で海原を越え、陸上の目標へ向けて飛ぶ「龍驤」搭載の九四艦爆。

いったん馬公に再入港し、なつかしい故郷の便りを楽しんで、十月一日には濃紺の第一種軍装すなわち冬服に衣替え。ついで九〇〇キロを航海して、上海への入り口とも言うべき馬鞍群島に錨を下ろした。

「龍驤」艦爆隊にとって二〇日ぶりの華中航空戦、十月三日朝の復帰第一戦は、上海の西北西五〇キロにある崑山駅の施設群。曇天のもと、線路沿いに飛んで同駅の上空にいたり、三機ずつの単縦陣で降爆に入る。

大物目標への二五〇キロ爆弾使用が主体だった華南での作戦から、おなじみの六〇キロにもどした九四艦爆は、翼下の二発を倉庫と車庫に叩きこむ。攻撃されるのを恐れてか、地上からはまったく撃ってこない。もちろん敵戦闘機の姿などどこにも見当たらない。火煙の上がる施設をあとに、ゆうゆうと帰途についた。

十月四日は十二空、十三空、水偵隊とともに、上海北西の要衝・大場鎮の西側の敵兵と陣地を、五次にわたって襲う予定だった。しかし、第一次と第二次の各一個小隊を送り出したところで、上海沖の空母は雨にぬれ始め、午後の出動は中止された。上海・公大飛行場の二連空でもベタ曇りのため、昼からの作戦を取りやめている。

一次攻撃に出た五小隊は、大場鎮の北西で後退する中国軍地上部隊の列に六〇キロ爆弾を投下し、機首の七・七ミリ機銃で掃射を加えた。艦爆の射撃中には建物などに身を隠すが、航過後は隊列を組み直してぞろぞろ歩き出す。反転した機がこれにまた銃撃をかける、といったぐあいで、敵は一発も撃ってこず、戦意がまったく感じられなかった、との報告だった。

その後の作戦飛行で故障や悪天候のおりに、「龍驤」(おそらく「鳳翔」も)の艦爆、艦攻は公大に臨時着陸した。二連空の初進出から一ヵ月近くがすぎ、飛行場への敵砲弾の飛来はだいぶ少なくなっていた。

公大を基地に使えば、洋上をよぶんに飛ぶ必要がないうえ、離着陸のほうが発着艦より条件がゆるく、燃料、弾薬の補給に手間がかからず、戦場のようすも速やかに分かって、空母から作戦するより有利な点が多い。そこで一航戦は飛行機隊を陸揚げする方針のもと、十月十一日の未明に先発の基地要員、必要機器材を駆逐艦で輸送。ついで司令部、飛行機、残留搭乗員の順で十二日の夜までに公大への移動を終えた。

公大進出の効果はさっそく、十三日の杭州駅空襲に現われた。上海から南西へ一二〇キロの杭州は、空母からだと戦闘時間を含んで往復四時間かかっていたのが、三分の二の二時間四〇分ですんだ。

ただし、黄浦江対岸の浦東から黎明《れいめい》に撃ちこまれた弾丸によって、一機が大破したほか、二機が破損（修理可能）する被害が出た。夕方、お返しに黄浦江の駆逐艦が浦東を砲撃し、一航戦も艦爆を出して爆撃を加え、装備兵器の差を見せつけた。

細い列車は当てにくい

海面を曳航される標的、すなわち動的をねらう訓練で、半年近く前に好成績を上げた蔵増一空だが、移動する相手に対し実戦で腕前を試したことはなかった。その機会が訪れたのが十月十五日だ。

上海一帯でがんばる中国軍地上部隊の頼みの綱、物資補給の鉄道が、「龍驤」艦爆隊の目標。首都・南京から蘇州〜崑山経由で上海へ向かう、最重要幹線の海南線を眼下に、九四艦爆三機が高度三〇〇〇メートルを西進する。

崑山駅に近いあたりで、上海をめざす貨物列車を見つけた。いち早く視認した関分隊長が、攻撃の合図を手信号で列機に示す。二番機の蔵増一空は片手を上げ、了解の意図を返した。

列車をやりすごしたのち反転し、後上方から一列になって急降下。まず分隊長機が六〇キロ爆弾一発を放ったが逸《そ》れた。二番機の爆弾はやや外れて、機関車の側方で炸裂した。三番機の投弾も不首尾だった。

列車は直進とはいえ、高速なうえに図体が比較的小さく、幅は三メートルほどしかないから、よほどの僥倖《ぎょうこう》がないと直撃は得られない。気を取りなおして上昇にかかったとき、列車が突然に止まった。爆死を恐れた五〜六名の乗務員がとび出てきて、てんでに異方向へ走っていく。急停車は彼らの意志ではなくて、三発の六〇キロ爆弾のどれかの破片が機関車を壊した可能性もある。

一五〇〇メートルまで上昇した三機は、翼下に残った一発ずつで二度目の降爆をかける。相手が止まっていても、やはり直撃は非常に難しい。残念ながら近弾に終わり、列車の破壊は叶わなかった。

「この野郎!」。怒りの言葉を残して戦場を離れた蔵増一空が、その後二回の列車攻撃をへて、ついに命中弾を与えたのは二十一日の鉄道偵察攻撃のときだった。

海南線につぐ上海への主要動脈、上海〜嘉興〜杭州を結ぶ滬《こ》杭甬《こうよう》線を見下ろしながら、六〇キロ爆弾二発を付けて南西へ飛んだ。途中、高射砲に撃たれたが被害なし。列車はおらず、杭州の飛行場も偵察して在地機がいないのを確認した。

ようやく目標を発見したのは小駅・長安の付近。貨車のほかに、だいぶ離れた木陰に機関車が停めてあった。関分隊長機が降下しつつ貨車をめざし、蔵増一空操縦の的場機は機関車に迫る。四度目の正直、気迫の一弾はみごとに直撃、爆発し、ペアに溜飲を下げさせた。

これらの攻撃の間の十月十七日、「鳳翔」は飛行機隊を「龍驤」に移管し、内地への帰途についた。

ようやく届いた九六式

施設や輸送機関の爆撃、陸戦協力、偵察と、悪天候時以外は連日の出動を続けていた「龍驤」艦爆隊が、なによりのプレゼントを受け取ったのが十月二十七日。新機材の九六艦爆が一〇機、大村基地から公大飛行場にやっと空輸されてきたのだ。

前日、大場鎮を占領して地上戦にひと区切りがつき、航空兵力にいくぶんのゆとりが生まれて、機種改変を可能にしたのだろう。

作戦行動を中止して、さっそく慣熟飛行が始まる。九四式と九六式の性能の違いについての蔵増一空の感想は、「大差なし」とはやや異なっていた。エンジンの出力アップと空力的洗練によって、高度三〇〇〇メートルでの巡航速度の増加は二〇ノット（三七キロ／時）以上。九四式が鈍足だっただけに、飛行中につい笑みが浮かんできたという。生命を乗機にゆだねて戦う搭乗員の本音だろう。

下士官に任官した翌日の十一月二日に、浦東の建物を的にして訓練を兼ねた爆撃を実施。

2ヵ月余を旧機材で戦った「龍驤」艦爆隊に、待望の新機・九六式がわたされた。塗装も新しい乗機の確実に向上した飛行性能は、搭乗員にとってかけがえのないプレゼントだった。

六〇キロ二発で敵兵の隠れていそうな二棟を吹きとばす。

急降下時の加速が大きいため、降下角、方向の修正がいくらか困難。強馬力のぶん、引き起こしが容易で早い。当然、かかるGが大きくなり、後席の的場一空曹が驚いて声を上げるほどだった。また降下速度が速いために、弾着が「遠」、つまり狙った位置より先の方になる傾向が見受けられた。

八日後、戦闘で大破した機の代替機を誘導する任務により、蔵増三空曹は馬鞍群島の「龍驤」から公大まで九六艦爆で飛行した。護衛戦闘機を随伴させて、高度五〇〇メートルで一二五ノット（二三二キロ／時）の巡航速度。九四式のときは一〇〇ノット（一八五キロ／時）も出ず、作戦時に戦闘機に迷惑をかけたのを思い出して、格別な気分にひたるのだった。

「龍驤」と十二空の機種改変で、九四艦爆は第一線機とは呼べなくなった。日本にとっては必然の事態なのだが、中国軍にしてみれば、叶うことなら払い下げを受けたかったに違いない。自分たちにはない、まだ充分に有効な兵器なのだから。

実際のはなし日中の戦力には、兵器の優劣どころか兵器の有無に近いほどの大きな格差があった。「日本軍、恐るるに足らず。ただ戦車、飛行機を恐れる」と捕虜の中国軍将校が言ったそうだ。戦いの本質の一面を簡潔に表現した言葉である。

捕虜といえば、大陸の海軍搭乗員たちはどんなふうに受け取っていたのか。

ほとんどが進攻作戦で、つねに敵地上空を飛ぶ彼らの任務には、捕虜の可能性がつきまとう。全員に拳銃が支給され、敵地に降りて万事休したときは、これで自決するように教えられていた。だが、重傷だったり気絶状態のとき、引き金を引けるはずがない。

南京や杭州への空襲のさい、乗機が撃墜されたり不時着したりして、中国軍に捕らえられた者がいることは、搭乗員たちの噂になっていた。ある日、上海で発行された軍事画報の日本兵捕虜の写真に、見覚えのある顔がいくつも見いだされ、皆ショックを受けた。

捕虜は勇敢に戦った証《あか》しなのに、唯一日本の軍人にとっては最大の不幸だ。世界に類のない、このねじくれた発想の起源はいくつか思い当たるが、陰湿な島国根性が底辺にあるのは間違いない。

写真に写った捕らわれの同志を、案じない搭乗員はいなかった。

「なんとかならないか」

「どうすればいいと言うんだ」

日本軍にあっては解決の糸口のない、いかんともし難い問題だった。

十一月二十一日、「龍驤」飛行隊長・小園安名《こぞのやすな》少佐は搭乗員に、公大からの撤収と内地帰還を告げた。所属機は二十四日に母艦に収容され、翌日に馬鞍群島を出港。二十八日、母港である呉軍港に投錨した。

八月以来の作戦で「龍驤」飛行機隊が失った搭乗員六名は、全員が艦爆隊だった。内地へ向けての航行中に戦訓会が催され、引き起こし高度を上げる、敵機との交戦に備え旋回機銃の威力強化、地上員を増やす、などの案が出された。

「加賀」艦爆隊、華南に戦う

第二航空戦隊の空母「加賀」は、昭和十二年八〜九月に華中の諸目標へ飛行機隊を放ったのち、いったん佐世保軍港に帰投。十月上旬、南シナ海に南下して、華南の広東とその周辺の飛行場、軍事施設、軍需施設、鉄道を襲い、敵機を追いかけた。搭載機の艦戦、艦爆、艦攻は九六式トリオだ。

十月下旬にふたたび佐世保に帰り、こんどは華中へ。十一月上旬から中旬にかけて、陸軍の杭州湾上陸作戦を直接、間接に支援した。一二〇〇キロも離れた作戦域を一ヵ月ごとに行き来して、特設航空隊二個隊分の戦力(常用六六機、補用二五機)を投入できる大型空母は、対艦攻撃能力の乏しい敵にとってまさしく脅威だったに違いない。

「加賀」飛行機隊が華中に移動して、華南の航空兵力は多からぬ水上偵察機だけに急減した。強敵不在のあいだに中国軍は当然、戦力回復を活発化する。広東と華中の漢口を結ぶ粤漢《えつかん》線、広東と香港を結ぶ広九鉄道（広九線）という二本の幹線を復旧させ、軍隊および軍需物資の輸送を急いだ。また、香港に揚陸のイギリス製機（日本側が「G戦」と呼んだグロスター「グラディエイター」戦闘機か）を広東で組み立てて漢口へ空輸し始めているほか、広東および周辺地区の航空兵力がいくらか立ち直りつつある旨の情報を、日本軍は入手した。

鉄橋破砕用の250キロ爆弾を装備して、九六艦爆が「加賀」から発艦する。これは10月の広東周辺に対する攻撃の一環だ。

敵の再起を叩くべく、十一月下旬に二航戦を華南海域へ向かわせた。二十四日に牛角山島沖にいたった「加賀」から飛行機隊が発艦を開始。以後二十九日まで連続六日間の空襲をかける。

この時期、一五〜二〇メートル／秒の強い季節風が海面を荒らして巨艦も揺れ、発着艦作業に困難をきたした。作戦初日、九六艦爆一機が着艦のさい制止索に引っかか

最重要目標の一つ、粤漢線の英徳鉄橋に「加賀」艦爆の250キロ爆弾が命中した。高度1300メートルから九六艦攻が撮影。

り、甲板にぶつかって大破したのも、揺れのひどさが原因と思われる。

第一の攻撃目標は粤漢線。とりわけ広東から北へ一三五キロの英徳の付近にかかる鉄橋は、要所中の要所として毎日爆撃をかけ続けた。

二十七日の攻撃時、分隊長・井上文刀《ぶんとう》中尉（操縦）と飛行隊長・安延《やすのぶ》多計夫《たけお》少佐（偵察）がペアを組む九六艦爆に、エンジン故障が起きた。だが、なんとか沿岸まで飛んで、さらに「加賀」の遊弋《ゆうよく》水域に不時着水できたのは幸運だった。

艦爆の鉄橋攻撃は胴体下に二五〇キロ爆弾一発なのに対し、列車襲撃には六〇キロ爆弾二発を翼下に付けていく。ある日の粤漢線の列車狩りは、こんなぐあいに進められた。

長機の井上分隊長機に追随する、二番機のペアは小野了二空曹―吉田清治空曹長。くもり空のもと、粤漢線のかなたから広東方向にやってくる四〜五輛編成の汽車を認めた。横風で投下弾道がずれるのを防ぐため、煙突の煙が線路と平行に流れるのを待って、六〇度の降爆に入る。吉田機の翼下から、一発目の六〇キロ爆弾が離れ落ちていった。

水平爆撃に比べてずっと命中率が高いとはいえ、走行する細長い列車に直撃弾を得るのは至難だ。ところが小野二空曹が放った爆弾は絶妙なコースを描いて、機関車と一輌目の有蓋貨車の間に突入、炸裂。連結部がちぎれて二輌の貨車が垂直に立ち上がり、スローモーションのように横倒しに地面を打って砂塵がわき上がる。

貨車から転がり出る兵員をほうっておいて、逃げる機関車を追撃。鈍足の複葉艦爆でもやすやすと捕捉できる。機首の七・七ミリ機銃から弾丸を浴びせると、あちこちから蒸気を噴き、タンクの水がほとばしった。あらかじめ破壊しておいたレールに突っこんだのが、機関車の最期だった。

13年初め、飛行場での「加賀」九六艦爆と分隊搭乗員。小野了二空曹は前列右端、右から３人目が分隊長・井上文刀中尉。

粤漢線のほか広九鉄道、天河飛行場、生産再開とみられる石井兵工廠などを標的に選んだが、山間部への朝の進攻は霧がわくため避けねばならなかった。

「加賀」は十二月初めに佐世保に帰投した。同月一日付で艦隊編制の改定があり、一航戦の「鳳翔」は予備艦に、同じく「龍驤」は二航戦へ移って、かわりに「加賀」が二航戦から一航戦に編入された。小型空母二隻よりも「加賀」一隻の方が搭載機数が多く、波浪にも強いから、一航戦の威力は確実に向上した。

十二月上旬のうちに佐世保を抜錨した「加賀」は、三度目の華南航空作戦に従事する。中旬の五日間、破壊と修復のイタチごっこの粤漢線と広九鉄道をはじめ、天河、白雲、南雄などの飛行場、韶関《しょうかん》兵器廠、輸送に使われる河川のジャンクといった目標を叩いた。

その後も「加賀」の華南作戦は、十二月下旬〜翌十三年一月初め、一月中旬〜下旬と続いていく。鉄道、航空施設、軍需施設など、同じような目標の覆滅《ふくめつ》を期して。

ところで、昭和十二年八月から同年末までの「加賀」飛行機隊の、戦闘中における機種別の喪失機数は次のとおりだ。

艦爆一〇機（うち九四式七機、九六式三機）、艦攻八機（すべて八九式）、艦戦一機（九〇式）。

艦攻の数字が案外大きいのは、初陣だった八月十五日の華中の飛行場攻撃で一挙に七機を失ったからで、アクシデント的な損失と言える。つまり艦攻が落ちた出撃は二回だけなのだ。

しかし艦爆は、八月十五日に敵戦闘機によって二機を失ったほかは、一出撃あたり一機ずつ、いずれも対空火器の被弾が原因である。このことからも、急降下爆撃という攻撃法の危険度の高さを知れるだろう。

誤爆は避け得たか？

ここまでの記述で、大陸の半年間における、九四および九六艦爆の特徴やさまざまな作戦状況について、ひととおり説明してきた。この先は戦いが大陸の西へ、奥部へと進んでいくのだが、艦爆の出撃は続いても、相手が変わらず、この機種にとって二義的な地上攻撃が主体ときては、用法上の新味はあまりない。

そこで、部隊の行動を逐次記述するのはひとまず置き、エピソードをオムニバス的にならべて、大陸の艦爆の姿を浮き上がらせてみたい。

建物が密集した上海市街の目標に対する急降下爆撃が、充分な注意を要することは何度か述べた。外国の権益が随所に存在していて、もし誤爆と判定されれば国際問題に発展するからだ。

その危険性は市街地ばかりではない。大河の水面にも存在した。

第二連合航空隊を構成する十二空と十三空の艦爆、艦攻は昭和十二年十二月八日、上海・公大飛行場から西北西へ一六〇キロの常州飛行場に進出した。九六艦爆の巡航速度で一時間ぶんの距離が縮まった常州から、南京方面の陸戦協力に加わるためだ。

四日後の十二月十二日の正午ごろ、陸軍側から「揚子江の南京上流一二～一五浬《かいり》（二二～二八キロ）を溯江する、南京脱出の中国軍敗残兵を乗せた大小汽船一〇隻と多数のジャンクを攻撃してもらいたい」との依頼がもたらされた。

南京が陥落する直前の時期だから、うなずける内容だ。南京の城門・光華門を二五〇キロで爆撃した十二空の艦爆偵察員・市川通太郎《みちたろう》三空曹は、国民政府主席の蒋介石が逃げる船だと聞かされた。

陸戦協力が主体の地上攻撃ばかりで食傷気味の搭乗員たちは、海軍航空にとって本来の任務である艦船攻撃をやれる出動に、勇み立った。

十二空の九四艦爆六機と九五艦戦九機、十三空の九六艦爆六機と九六艦攻三機が常州を発進する。艦爆の指揮官はそれぞれ小牧一郎大尉および奥宮正武大尉で、ともに分隊長だ。

十三空機が南京の上流四八キロあたりに艦船を見つけたのは午後一時二十分ごろ。奥宮大尉の回想記では、高度四〇〇〇メートルから商船らしい四隻と付近を走る小舟艇を視認、と説明されている。

まず艦攻が高度二五〇〇メートルほどから水平爆撃を実施し、六〇キロ爆弾一〜二発が一隻に命中。この高さから当たったのは、おおげさに言えば奇跡的と形容できる。

続いて奥宮機を先頭に、九六艦爆が単縦陣で一回目の降爆をかける。一機から二五〇キロ、四機から六〇キロが一発ずつ放たれた。九六式に乗って間がない奥宮大尉は、九四式とやや違う機動、機速に照準がずれたため、投弾しなかった。直撃弾はなかったが、近弾を得られたようだった。

二回目。高度一五〇〇メートルで六〇度の急降下に入った奥宮機から、五〇〇メートルで投下された二五〇キロが至近弾。列機に残っていた六〇キロ四発も、その船の近くに落ちた。ついで、ようやく戦場に到着した九四式が、爆撃にかかる。九五艦戦も機銃掃射を加えたらしい。海軍省の記録には、爆撃時に一隻の白い船から応戦があったと記されている。

四隻のうち一隻が沈みかかっているのが、機上から認められた。実はこれが中国汽船ではなく、米海軍の河川用砲艦「パネイ」で、ほかの三隻は米スタンダード石油会社の商船と分かったのは、翌十三日の朝に米東洋艦隊司令部から「『パネイ』との無線連絡が絶えたのだが」と照会があってからだ。

十三空の九六艦爆が60〜65度の降爆をかける。
右は砲艦「パネイ」の艦尾に掲げられた星条旗。

誤爆には相当に神経をとがらせていた支那方面艦隊司令部（海軍の大陸および中国海域の作戦における最高指揮組織）は、驚愕《きょうがく》し、遭難乗組員の救助にあたるとともに、米側に陳謝しつつ、意識的な投弾ではない旨の弁解に努めた。日華事変中の異色のできごととして名高い「パネー号事件」がこれだ。

事件の始末を詳細に述べるのが、本稿の目的ではない。誤爆にいたった状況と判断の是非を検討したいのだ。

四名の空中指揮官、すなわち十二空艦爆隊の小牧大尉と艦戦隊の潮田《うしおだ》良平大尉、十三空艦爆隊の奥宮大尉と艦攻隊の村田重治大尉は、誤攻撃の戒告処分の対象になった。このうち、はるか下方に艦影を見た水平爆撃の村田大尉にとって、米海軍砲艦か汽船かを識別できようはずがないから、処分は酷（実質的な処罰はなんら受けなかったけれども）だろう。

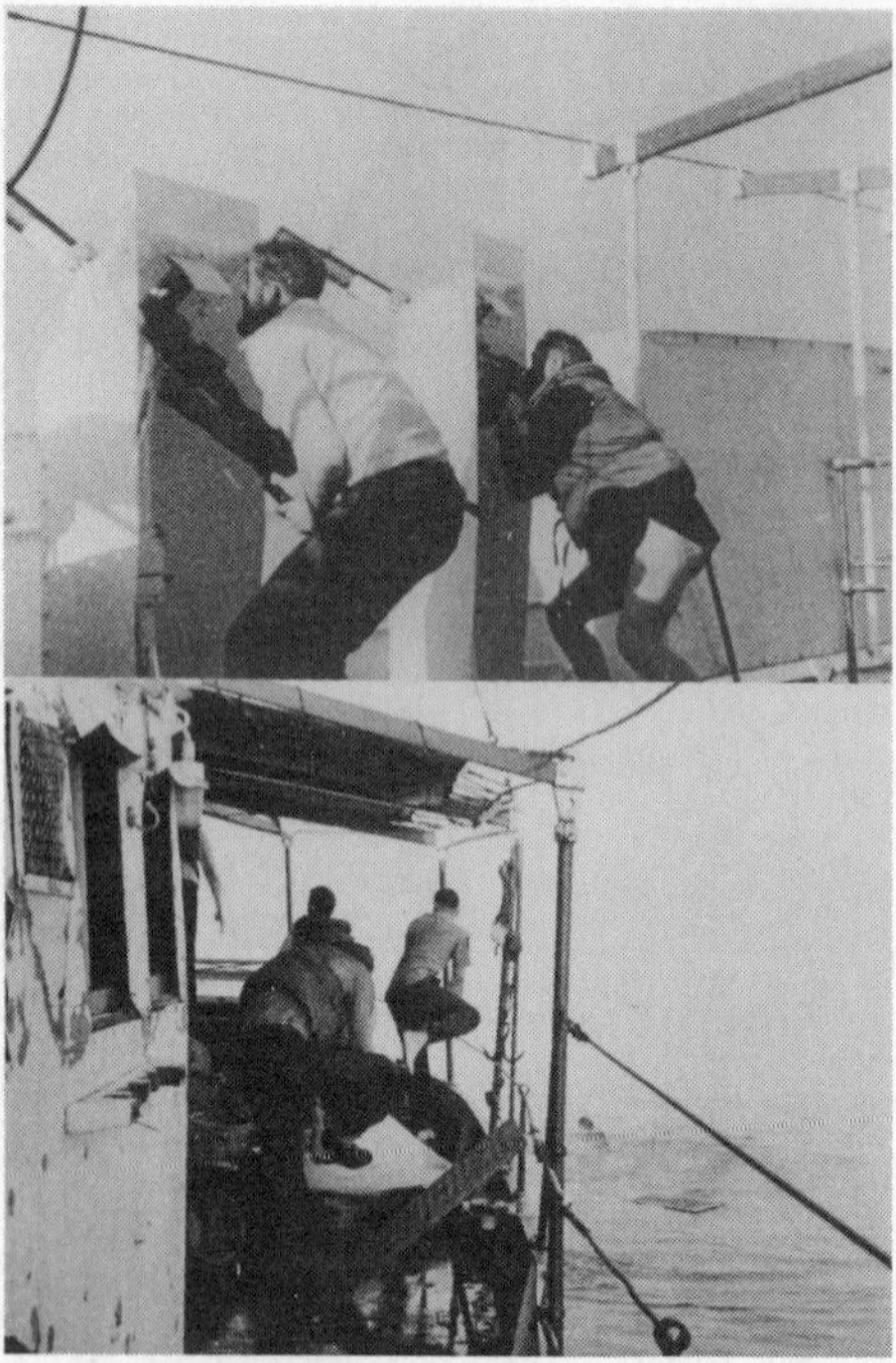

上：「パネイ」の乗組員が舷側に装備されたルイス7.62ミリ機銃で艦爆をねらい撃つ。下：爆撃を受けて「パネイ」の各所が破損し退艦命令が出て、乗組員が脱出にかかる。

その後に戦死せず、回想を発表できたのは奥宮大尉だけだ。彼の行動を取り上げ検討してみよう。

投弾高度の五〇〇メートルは、水平爆撃に比べれば距離がずっと詰まってはいても、わずか四五〇トン、全長五八メートルの小艦は笹舟ほどにしか目に映らない。低速で耐波浪性の低い河川用砲艦の平面形は、商船に類似するから、見分けはつくまい。

米側は、甲板の前後に縦四・三メートル、横五・五メートルの星条旗が、上空からの識別用に描いてあったとしているが、これとても判然と視認しうる大きさではない。奥宮氏は回想記中で、米国旗は複雑な模様で認識しにくく、しかも甲板の被爆によりいちだんと見分け難かった、と述べている。まさにそのとおりだろう。

駐日米大使に謝った海軍省はしかし、事件の翌月に刊行した『支那事変における帝国海軍の行動』の中で、「汽船四隻に爆撃を加え一隻を撃沈（中略）。飛行搭乗員は本攻撃前後を通じ、汽船には国旗を認めず、また

被爆ののち乾舷が水中に没した「パネイ」。手前の白いウェーキは、生存者を乗せて河岸へ向かう小型船から生じたもの。

支那兵らしきもの多数乗船せるを認め（後略）」と明記している。裏側に現在とは異なる種々の理由はあろうが、戦後の日本政府に皆無の、「それはそれ」と筋を通す姿勢は納得できる。

艦爆創設期の生え抜き士官搭乗員と呼んでいい奥宮大尉は、十三空に着任して半月たらずで、実戦のキャリアはない。それゆえ会敵の興奮、操縦と照準に気を取られて、星条旗を認め得なかったのでは、との疑問は当然生じる。だが、この爆撃後に六機で再出動し、類似の水域に浮かぶ艦船に対して降下したとき、投弾（命中せず）と同時に彼は甲板の英国旗を見取って、激しい動揺を味わった。つまりこの種の認識力を水準以上に備えているわけで、事実、冷静な性格との定評がある。

「パネイ」の停泊位置については、米東洋艦隊司令部から随時の情報が支那方面艦隊司令部に通知されていたという。これを逐一、速やかに二連空司令部に伝えていれば、防げたミスだったとも考えられる。

パネー号事件は確かに、アメリカの対日感情の悪化に弾みをつけはしたが、それはこの爆撃作戦参加者たちの行動とは切り離して扱われねばならない。

海鷲が舞い降りた

パネー号事件の翌日、昭和十二年十二月十三日に南京は陥落。もちろん中国国民政府は降伏などせず、南京から西へ直距離で四八〇キロの漢口に首都を移して、抗戦を続行する。

南京～漢口の距離は、新鋭の九六艦戦でもただ往復するだけで精いっぱい。空戦時間など見込めないから、漢口空襲のために海軍は陸軍に、両都市の中間に位置する安慶の奪取を望んだ。それが実現したのが十三年六月十二日だ。

奪われた安慶飛行場と、さらに揚子江を西進する日本軍に、中国空軍機がこれまでになく執拗《しつよう》に攻撃をかけてくる。これを排除し、かつ地上部隊の溯江《そこう》作戦を助けるため、華中に送られたのが第十五航空隊だった。

長崎県大村基地において十三年六月二十五日付で新編の十五空は、九六艦爆二個分隊一八機（うち補用六機）、九六艦攻一個分隊九機（同三機）、九六艦戦二個分隊一八機（同六機）。七月一日付で二連空に編入され、十日に安慶飛行場に進出した。

七月十八日、艦爆一四機と艦攻五機を艦戦六機が掩護して、安慶から南南西へ二五〇キロの敵飛行場・南昌をめざすのが、十五空にとって初の本格出撃だった。南昌には新旧二つの飛行場があって、艦爆は新しい方を襲うよう定められていた。

指揮官は艦爆操縦の松本真実少佐。十五空には「加賀」艦爆隊からの転勤者が多く、松本機の偵察員はかつて小野二空曹とペアを組んだ吉田空曹長だ。指揮官小隊二番機の小野二空曹は、あらたに山地徳良一空を後席に乗せて、早朝の空を飛んだ。

南郷茂章《もちふみ》大尉（この日に戦死）指揮の艦戦隊は一機だけしか合流できないまま、三〇〇〇メートルの高度を進撃して、艦爆隊は午前七時十五分ごろに新飛行場へ降爆をかけた。

中国がソ連から戦力援助で60機あまりを供与されたばかりのツポレフSB 2M－100爆撃機。南昌飛行場に配備されていた。

飛行場を眼下に旋回していた小野二空曹は、滑走路に土煙が立つのを見て、敵戦闘機が離陸上昇してくるのを知った。乗機を前へ進め、バンクと指で松本少佐に敵機の来襲を知らせる。ついで、飛行場の東側にならぶ飛行機のあたりに六〇キロ爆弾を炸裂させると、フワリと引っくり返った。ハリボテの囮機だったのだ。

福永杉夫一空曹機と中原義剛二空曹機が、G戦と呼んでいた「グラディエイター」と戦った。福永機は離脱するG戦を追って未帰還。爆弾を捨て、機を大きく傾けての垂直旋回で敵四機と格闘した中原機は、偵察員の芥川一空が旋回機銃で一機を撃墜し、その後に対空砲火を受けて湖に不時着水した。

囮に爆弾を使って気分を害した小野二空曹は、格納庫の後ろの掩体に置かれたツポレフSB《エスベー》2M双発爆撃機を認めて、銃撃を浴びせた。このころには他の艦爆もてんでに在地機への銃撃を始めていた。

小野機の一撃ではSBは燃えなかった。反転して二撃目をかけたら、機銃故障で弾丸が出ない。山地一空に撃たせたけれども効果なしだ。「なんとかしてやろう」の意気ごみで、二空曹は滑走路に滑りこんだ。日本の軍航空にとって空前の、敵飛行場への強行着陸だ。ならぶ格納庫の前に降着し行き足をゆるめたら、目指すSBまではまだだいぶ距離がある。あそこまで行くのはちょっと無理かと思って、滑走路端から離陸にかかろうとしたとき、遠

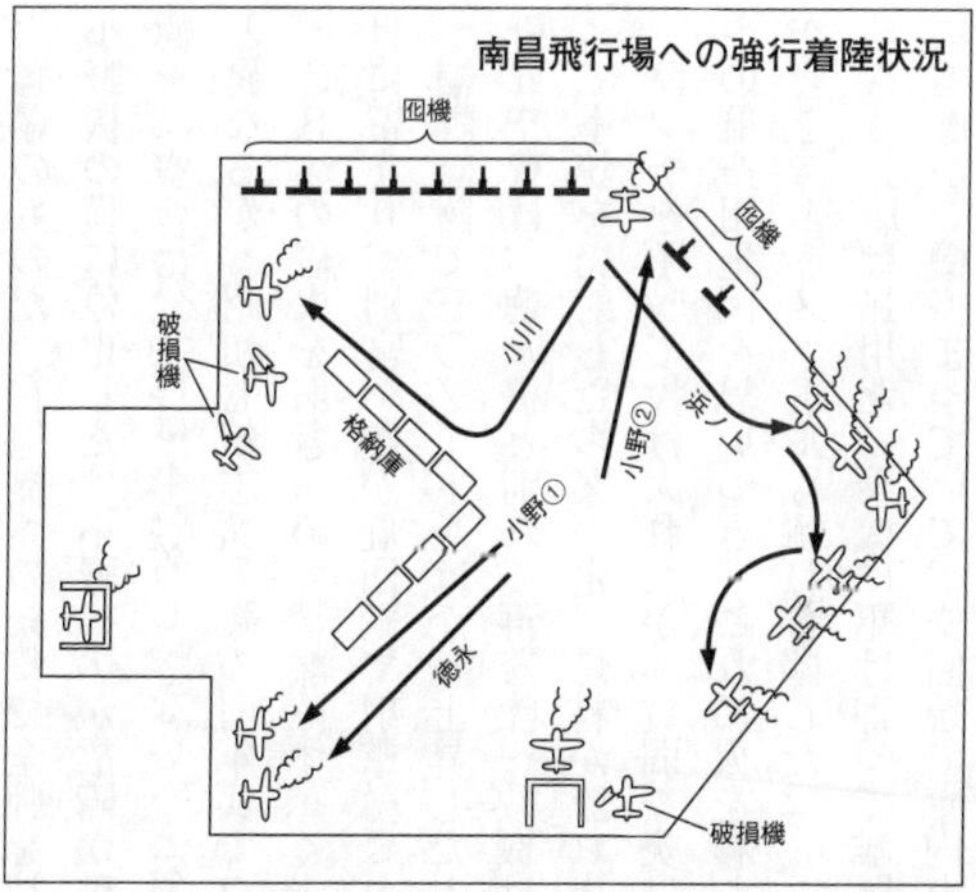

からぬ格納庫裏にもう一機のSBを見つけた。後席の一空に「なにかあったら大声を出せ」と言い残し、小野二空曹は地上に降り立った。あまりに傍若無人な行動に茫然としたのか、敵兵は撃ってこない。異様な空気のなか、SBに近寄って拳銃弾を撃ちこんだ。しかし発火しない。プロペラを外した修理中の機で、燃料タンクがカラなのだ。

乗機にもどってタバコに火を付ける。飛行機から降りると一服するのが小野二空曹の癖だった。急に山地一空が大声を上げた。頭上二〇メートルほどをI《イー》-16が黒煙を噴きつつ航過していく。この機は贛江《かんこう》河岸に落ちたらしい。すぐに別の爆音が聞こえた。耳になじんだ九

六艦爆のものだ。在地機への銃撃で全弾を消耗した徳永有《たもつ》二空曹―別宮利光一空機が着陸し、小野機の横に停止した。小野ペアが故障か破損で降りたと思って「こっちに乗れ！」と叫ぶ徳永二空曹に、「俺は不時着じゃない」と答える。出身は操練と乙飛予科練（徳永二空曹）と異なるが、昭和七年志願入隊の同年兵でウマが合う。

　ＳＢへの着火をあきらめて、離陸すべく走行中に擬装網をかぶせたポリカルポフI‐16が目に留まり、別宮一空が旋回銃で射撃。これも黒い潤滑油が出ただけで、発火しなかった。

　編隊離陸で三〇メートルばかり上昇したとき、駐機中のポリカルポフI‐15一機を見た小野二空曹は、徳永機と別れて再着陸。敵機はうまいぐあいに増槽を付けている。すぐ前に立って拳銃を発射したら案の定、燃料が流れ出た。

マッチをすって投げ入れたが、貧弱な炎は消えてしまって、引火しない。ズボンのポケットの航空用地図を思いつき、これに火を移して放りこむと、瞬時に引火、爆発し、爆風が二空曹を二〜三メートルも跳ねとばした。

　もう長居は無用だ。乗機に駆け寄って離陸し、飛行場を見下ろすと、格納庫前のエプロンに艦爆が一機停まっていて、旋回銃で庫内をバリバリ撃っている。小川正一中尉―桑島勝二空曹機が、小野、徳永両機の着陸を見て、在地機を燃やそうと降りたのだった。日ごろは物静かな小川中尉が、敢然たる闘志を表わした行動である。

小野機が翼を振って離陸をうながすと、小川機が無事に上がってきたので、二機編隊で安慶へ機首を向ける。途中、鄱陽湖《ばんようこ》の上空で出くわした敵戦闘機一〇機ばかりに対し、正面から突っこんで飛び抜け、難を逃れた。

小野二空曹の視野には入らなかったが、飛行場に降りた艦爆がもう一機あった。浜ノ上勝男三空曹―宮里光矢一空機で、機首機銃が故障したため直接燃やすしかないと判断しての強行着陸だった。

まさしく大胆不敵、海軍航空の威力を端的に示す行為と見なされ、この日の大戦果を賞する十三年七月二十日付の支那方面艦隊司令長官名の感状のなかで「一部爆撃機を以て敵飛行場に着陸を敢行、沈着豪胆、飛行場を隈なく偵察し、残存敵機五機を焼却して所在敵機を壊滅したるは、武勇抜群なり」と、最大級の賛辞が寄せられた。

なお、小野、徳永両二空曹の縁は対米開戦後も続き、昭和十七年四月二十日に木更津からラバウルへ向かう三機の十三試双発陸上戦闘機（のちの夜間戦闘機「月光」の原型）の、機長をともに務める。

空母へ転勤

試作品の域を出ない「鳳翔」、戦艦および巡洋戦艦から改造の「加賀」と「赤城」、構造的に無理をかさねた小型の「龍驤」。これらの既存艦に比べて、昭和十二年十二月に竣工した「蒼龍」は、日本で最初の近代的な航空母艦と言えた。

予備艦に移された「鳳翔」に代わって、「蒼龍」は完成するとすぐに第二航空戦隊に編入される。搭載機は九六艦爆三六機（うち補用九機）、九六艦攻一六機（同四機）、九五／九六艦戦二四機（同六機）。二航戦の僚艦「龍驤」とともに艦爆主力なのは、一航戦の「加賀」の艦攻主力とバランスをとるため（あるいは比較するため？）だったようだ。

第十二航空隊で九四艦爆を駆って、華中戦線で南京空襲に出撃を続けていた古田清人二空曹は、「蒼龍」の二航戦編入の直後に転勤辞令を受けた。

空母の飛行機隊での勤務経験がない古田二空曹にとって、まずなすべきは、飛行甲板にちゃんと降りるための定着訓練。これを岩国基地と横須賀空・追浜《おっぱま》基地で実施した。

飛行場に白布で飛行甲板と同じ大きさを表示する。後端に近い部分に大きな円を描き、この中に接地するのが基本である。トレーニング中の操縦員が乗る艦爆は、一五〇〇メートル手前、高度一五〇メートルの位置で、模擬甲板の方向に機軸をぴたりと合わせる。

スロットルレバーの調節と三舵の操作によって、速度、操向、降下角、降下率を加減しつつ接近していき、甲板後端を航過した（これを「艦尾をかわる」と称する）瞬間にエンジンをしぼって、地上三〇センチのところで失速させ、円内に三点着陸させれば文句なし。

昭和十三年が明けると、「蒼龍」そのものを使っての着艦訓練に移った。

まず、着艦態勢に入っても車輪を甲板に付けないで航過、上昇する擬接艦で感覚をつかむ。中型空母の「蒼龍」の飛行甲板長は「龍驤」よりも六〇メートル近く長い二一七メートル、

新鋭「蒼龍」の艦爆は初めから九六式。塗装も茶と緑の戦地仕様で始まった。

甲板最大幅も三メートル広い二六メートルだが、上空からはやはりマッチ箱のように見え、「あそこに降りられるだろうか」と、基地での定着訓練では味わった覚えがない緊張と不安に襲われる。

ついで車輪を接触させてからそのまま艦を離れる、いわゆるタッチ・アンド・ゴーの接艦訓練。そして、拘束ワイヤとも呼ぶ着艦制動用横索にフックをかけて甲板上に停止する、真の着艦にとりかかる。

中国軍相手の実戦で肝を太くした古田二空曹だが、初めての着艦を試みるときの緊張は、すごかった。母艦搭乗員はみな、このプレッシャーに打ち勝って一人前に育っていく。フックをかけたときの衝撃が予想外に強く、座席のベルトをしていても風防に当たりそうなほど前にのめる。

進入高度が低くてスレスレで艦尾をかわったため、分隊長の高橋赫一《かくいち》大尉に叱られた。しかしこんなミスはこの一度だけで、以後は毎回あざやかに降着できた。母艦の要所要所にともる灯火が頼りの、「これができれば何でもできる」といわれるほど難度が高い夜間着艦にいたるまで、順調にメニューをこなしていく。
「蒼龍」の准士官室は二八名が定員だが、准士官がいなかったため、彼を含む各科の古参下士官がベッドを占めた。新品の艦に特有の塗料や金属の臭いの強さにも、間もなく慣れてしまう。食事は各科分隊ごとにとり、下士官兵の麦飯とみそ汁、一菜のほかに搭乗員食として牛乳、玉子、果物が加えられた。

爆撃のコツを身につけて

ひととおりの基本的な訓練を終えた「蒼龍」とその飛行機隊は、昭和十三年四月上旬に錬成を兼ねた作戦航海に出動。華南、華中両沿岸部の拠点爆撃は敵の反撃などほとんどなく、実用実験に等しいムードと言えた。

四月二十五日、馬鞍群島沖から発艦した飛行機隊の主力三六機(うち艦爆一八機)が南京・大校場飛行場に進出し、十二空および十三空で構成の二連空への増援戦力とされた。戦力回復に内地へもどった一連空・陸攻隊の穴を埋めるための措置だが、新飛行機隊の術力を高めるのには恰好《かっこう》だった。

四月から六月にかけて「蒼龍」の艦爆隊は、陸軍の徐州作戦に呼応して、華中北部(南京から見て北西地域)の諸目標をねらった。

古田さんが「徐州占領の前日」と覚えているから五月十八日のことだろう。陸軍の参謀がやってきて「兵の大群がいたら、それは退却する中国軍だから、爆撃してもらいたい」と「蒼龍」飛行機隊に依頼した。九六艦爆と九六艦攻が陸用爆弾を抱いて出動にかかる。

60キロ爆弾の弾痕がつらなる農地の中を、輸送の馬との輜重(しちょう)隊列が続く。友軍と識別するための対空用標識がなければ、飛行中の機からは敵味方の判別はまずできない。

清水潔美一空曹―岩崎五郎中尉ペアの二番機で飛ぶうちに、歩兵の隊列が望見された。日本の飛行機を見つけたはずなのに、逃げ隠れするようすがない。艦爆よりも高い高度から艦攻が水平爆撃を加えた。

岩崎中尉機が降爆に入る。おりから横風が強く、目測の精度不充分もあって、放たれた六〇キロ爆弾は地上部隊には当たらず、水田に落下した。つぎは古田機の番だ。降下していくと、なんと兵たちが日の丸を振っている。友軍なのだ。二空曹はからくも投弾を思いとどまった。三番機は投下してしまったが、幸い風に流されて命中弾にはならなかった。

この誤爆によって、艦爆隊は日華事変での活動に汚点を残し、金鵄《きんし》勲章の対象からはずされたという。

大校場飛行場には陸軍の航空部隊も進出していて、

大校場飛行場に「蒼龍」などから進出した海軍機。右から九六艦爆、九六艦攻、九五艦戦、九六艦戦の順で駐機している。格納庫上からの撮影で、画面外の左方向には陸軍機がならぶ。

陸軍側は大校飛行場と呼んだ。両軍の使用エリアはもちろん分かれているのだが、互いに存在価値を認めたがらない間柄なので（上層部になるほど顕著。現場の搭乗員、空中勤務者はさほどでない）、なにかともめごとが生じたのは容易に想像できる。

陸攻隊に改編された十三空もこのころ大校場に展開中で、司令部がまとめた戦訓所見にこの問題を次のように表記している。

「同一航空基地を陸海軍共同使用するは適当ならず。相互掣肘《せいちゅう》（足の引っぱり合い）を受け、全能発揮を妨げたる例少なからず。特に海軍側の受けたる掣肘妨害は甚大なるものあり」

十三空が受けた甚大な掣肘妨害がどんな内容かは、残念ながら述べられてはいない。けれども、離着陸から整備作業、補給などにいたるまで、錯綜しじゃまし合うケースはいくらも思いつく。おそらく「蒼龍」飛行機隊も大同小異の「掣肘」を感じたことだろう。

中国国民政府の新首都・漢口へ迫る揚子江溯江《そこう》作戦にそって、「蒼龍」飛行機隊の基地も大校場から蕪湖、安慶へと西進し、七月まで戦って母艦に復帰した。

次の作戦は、十三年十月十二日の上陸開始から一ヵ月弱にわたって、華南・広東攻略の陸戦協力だ。

その初日、香港の東の白耶子湾《バイアス》から陸軍三個師団が上陸。中国軍地上部隊の来攻を阻止すべく、艦爆隊は周辺地域の道路に現われたトラックなど車両を、シラミつぶしに叩くように命じられた。敵戦闘機がまったく出てこないとあっては、わずかな対空火器を除いて、脅威はほとんど皆無だ。

六〇キロ爆弾二発を搭載した九六艦爆が、高度一〇〇〇～二〇〇〇メートルから道路という道路を調べていく。「学科はだめだが実技の得点が高い」古田二空曹は、爆撃が得意なうえに、無理に直撃を狙わなくても至近弾でかならず車に火がつくことを知っていて、無駄弾なしと言えるほど有効弾を得続けた。

こうした戦果が高く評価されたのだろう。進級し分隊士を勤める清水空曹長から、十三年末に見せてもらった操縦技倆調査表に、最高点がついていた。翌十四年早々に分隊長・阿部平次郎大尉から「俺の〔機の〕操縦をやれ」と指名されたのも、この好成績ゆえに違いない。

新編艦爆分隊の中身は

日華事変の複葉艦爆隊は、どのような構成内容だったのか。いささか数字が多く、無味乾燥ぎみなのはお許し願い、復習的に新編部隊を例にとって紹介してみよう。

「蒼龍」艦爆隊が華南を飛ぶ半年前の昭和十三年四月六日付で、この方面で作戦するための第十四航空隊が鹿屋基地で開隊した。十二空、当初の十三空と同様に、艦爆、艦攻、艦戦からなる基地航空隊だ。額面上はそれぞれ一個分隊八機（うち補用二機）、三個分隊二四機（同六機）、二個分隊一六機（同四機）の内訳だった。艦爆が少ない理由は判然としない。他部隊とのバランス上の処置だろうか。

艦爆の第三分隊の人員について。

搭乗員は兵学校出身の分隊長一名（操）、兵学校出身の士官分隊士一名（操）、准士官分隊士一名（偵）、下士官兵一六名（操、偵八名ずつ）。整備員は准士官分隊士一名、機体担当が高等科出身下士官一名、普通科出身下士官二名、同じく兵三名、無章（整備術練習生を未修）の兵九名、エンジン担当がそれぞれ二名、二名、四名、九名。射撃・爆撃装置をあつかう兵器整備員（兵器員と略称）は高等科出身一名、普通科出身一名、無章二名（下士官か兵か不明）。合計して准士官以上四名、下士官兵五二名が分隊の構成者だ。

ここにあげた整備員と兵器員は、いわば九六艦爆の専従者だ。十四空にはほかに整備分隊が四個、兵器分隊が一個あって、機種を問わず整備作業全般や燃料・弾薬の搭載、事故処理など、専門知識をさほど要しない業務に従事する。

飛行機ファンが参照する機材の性能表は、たいていメーカーか航空本部が作成したものだ。

どちらも良好な状態の機を、良好な環境のもとで、良好な腕の搭乗員が飛ばして計測する。いずれの条件も相当に劣りがちな実施部隊の飛行作業では、一〇パーセントぐらいの低下は生じて当然だ。

十四空が昭和十三年五月にまとめた、九六艦爆の諸性能はこんなぐあいである。

▽全速（継続可能な最高速度）―一四〇ノット（二五九キロ／時）、この状態での燃料消費量四八〇リットル／時、巡航速度一一〇ノット（二〇四キロ／時）、同燃料消費量一三〇リットル／時

▽航続力（全速による空戦二〇分間と安全控置燃料一〇パーセントを含む）―距離一〇三〇キロ、五・〇七時間（六〇キロ爆弾二発、一六〇リットル増槽装備時）、距離八一〇キロ、三・九六時間（二五〇キロ爆弾一発、増槽なし）

▽戦闘行動半径―それぞれの距離の二分の一

一般の性能表にはあまり見られない、独特な数字だ。機材を酷使する戦場では、いま少し能力が下がると見ていい。

爆弾については十四空の編成以前の十三年一月に、それまでの多くの実戦経験から、主用する六〇キロと二五〇キロの目標区分が作られていた。

飛行場に対しては飛行機、格納庫、滑走路のいずれも六〇キロ爆弾が適する。ただし格納庫を壊滅させるには二五〇キロ数発の命中が必要。交通関係は、駅、列車、木製橋、舟艇、

ジャンクに六〇キロ、線路、鉄橋、コンクリート橋台には二五〇キロ。戦車を含む各種車輛、地上部隊、陣地、塹壕、民家には六〇キロ、堅固な建物や地下構築物には二五〇キロ。工場については規模に合わせて選択する。

つまり堅固な目標には二五〇キロ、軟構造なものには六〇キロ。線路に二五〇キロを用いるのは、当てにくく、かつ壊れにくいからだろう。近弾の破壊力や爆風効果を含めて、納得のいく分類だと思う。

八日間の成果をチェック

陸軍がいまだ上陸していないのだから、主作戦地域の広東周辺に使用可能な飛行場があるはずはない。そこで、広東の南一二〇キロ、沿岸部の澳門《マカオ》から南西へ二五キロの三灶島《さんそうとう》（南北一〇キロ、東西一一・五キロ）を占領して、南東部に十四空用の基地施設と滑走路の造成が始まった。

一万二〇〇〇人の島民の多くは日本軍に反発して大陸へ脱出。比較的穏便な南部の住民一八〇〇人が残留しているが、北部では反抗者討伐が実施され、五〇〇人が山間部に逃げこんだ。海軍がとった三灶島における制圧行動は、予想をこえる厳しい内容だが、ここでは記述しない。

六月に入って滑走路の輾圧《てんあつ》がおおむねでき上がったため、鹿児島県笠ノ原《かさんばら》基地にあった九六艦爆九機が分隊長・小牧一郎大尉の指揮により、同数の九六艦戦とともに第一陣として、台湾経由で四日に三灶島に進出した。着陸し滑走した部分の輾圧不足が原因で、艦戦三機が片持ち式の主脚を曲げたが、艦爆には支障がなく頑丈な造りを実証した。

手前ではまだ整地作業中の三灶島飛行場に、第十四航空隊の九六艦爆が進出した。分かりにくいが遠方右端は九六式艦上戦闘機、左端までが九七式艦上攻撃機で、ともに新鋭機だ。

動きがとりにくい艦戦隊を尻目に、進出当日から艦爆隊は出動する。幹線の広九鉄道と陣地、合わせて四ヵ所を延べ一五機で爆撃。車輛も兵員も地上の軍隊はすべて敵である以上、誤爆の恐れはまったくない。しかし六〇キロ爆弾三〇発を投下して直撃弾が二発は、初日とはいえいささか寂しい戦果だった。

翌五日、同じ鉄道を八機で襲い、六〇キロ一六発のうち六発を直撃させて雪辱を果たした。

整備に一日を割いて、六月七日は延べ一七機が発進。六機で降爆をかけた広東の東の天河飛行場では、二五〇キロ四発中一発が格納庫に、六〇キロ四発中二発が兵舎に命中した。大きな建物は比較的当てやすいが、小型の陣地は視認の困難も手伝ってか、二機からの六〇キロ四発が無効に終わった。

任務を終えて三灶島に近づいた十四空の九六艦爆。雲中飛行時は推測航法と無線を扱う偵察員の同乗がいちだんと心強い。

目覚ましい戦果が上がったのは九日。広東の北の白雲飛行場へ九機から落とした二五〇キロと六〇キロ各六発のうち四発ずつが、格納庫および施設建物に命中したのだ。また十五日の一二機による省政府建物と製弾所への爆撃では、目標が大きいだけに全弾が当たって、激しい損害を与えられた。

十二日に六機がねらった鉄橋爆撃で、二五〇キロ四発のうち直撃弾と至近弾一発ずつを、六〇キロ四発のうち至近弾二発を得たのは、健闘と言えよう。

六月四日〜十五日の実質八日間に、延べ八二機の艦爆が二五〇キロ三五発と六〇キロ九四発を投下して、確認できた命中弾は一六発と二三発。目標の大小、難易を取りまぜて、まずまず良好といったところか。ただし、六〇キロ二発が不発弾だったのと、二五〇キロと六〇キロ二発ずつの結果が雲にさえぎられて見えなかったから、もう少し評点を高めてもいいわけだ。

十四空艦爆分隊の装備数は一三〜一四機。若干の増加はあったが、可動数は秋へ向かって七～八機にまで減っていく。

広東から北へ四〇キロの衡陽《こうよう》周辺に存在するとの情報があった、ソ連人パイロットも参加しているらしいI－16とI－15、「ホーク」Ⅲなどの中国空軍戦闘機は、ついに姿を現わさなかった。

アメリカから概念を、ドイツから機材を導入し、試行に続いて育成が軌道に乗り出したところで、日本海軍の艦爆はタイミングよく実戦の洗礼を受ける。二流半の中国空軍を制圧して獲得された制空権のもと、貧弱な火力の地上軍、弱小の艦艇を相手に、戦いのノウハウを身に付けていった。

九六艦爆は昭和十五年で主力機材としての活動に終止符を打つ。その五年後、比較にならない極限の戦場で、搭乗員ごと爆弾そのものとして使われる悲惨を、知るはずもなく。

不均衡なる彼我《ひが》

——英重巡と空母を沈め去る

空母群、インド洋へ

日華事変で航空母艦と陸上基地から作戦し、太平洋戦争の開戦を告げるハワイ攻撃ののち、ラバウルから東部ニューギニア、北豪、ジャワを叩いてまわった空母機動部隊。昭和十七年（一九四二年）春までの日本海軍は、力量と経験の両面で、確実に世界の洋上航空兵力のトップに位置していた。

東を衝《つ》き南を攻めた第一航空艦隊機動部隊の、次の標的は西方。インド洋の英東方艦隊とセイロン島（現スリランカ）の主要基地撃滅により、西からの反攻の制圧を図った。これが印度洋機動作戦で、そのうちセイロン攻撃の部分を「Ceylon《セイロン》」の頭文字を採ってC作戦と称した。

三月二十六日に南部セレベス島（現スラウェシ）東岸のスターリング湾を抜錨した空母は、

昭和17年３月27日、セレベス島の西、インド洋をめざしてマカッサル海峡を南下する第一航空艦隊機動部隊。左はし最遠方は空母「赤城」「飛龍」「蒼龍」の順で、「金剛」型戦艦４隻が続く。手前は撮影艦「瑞鶴」の飛行甲板。

第一航空戦隊の「赤城」、第二航空戦隊の「蒼龍」「飛龍」、五航戦の「翔鶴」「瑞鶴」の五隻。これに「金剛」級巡洋戦艦四隻、重巡洋艦二隻などが従う。一航戦のもう一隻の空母「加賀」は暗礁で艦底を傷め、作戦行動から離脱していた。

対する英東方艦隊は、艦隊型空母、日本側で言う正規空母の「フォーミダブル」および同型艦「インドミタブル」、そして旧式小型空母「ハーミーズ」の三隻と、戦艦五隻、重巡二隻などからなる。数字だけを見ればそれなりの戦いが可能なように思われるが、内実は違った。英空母三隻の合計搭載機数は一〇〇機弱で、日本側五隻の常用機数の三分の一以下。戦艦のうち空母に随伴可能な速力を出せるのは一隻だけだった。そして最大の差は、練度にあったと思われる。

一航艦機動部隊のスターリング湾出発は、初めの予定から五日遅れた。南鳥島に空襲をかけた米空母を捕捉しようと、「翔鶴」「瑞鶴」が同湾へ向かう途中に寄り道したからで、セイロン攻撃も当初予定の四月一日から四日間ずれこんだ。

セイロンの英軍司令部（陸海空三軍を統括）が得た暗号解読情報による、日本軍の来攻予想は「四月一日ごろ」。艦隊を日本艦上機の攻撃から遠ざけつつ、夜間の航空雷撃をかける、ムシのいい戦法を英機動部隊指揮官は考えた。しかし日本機動部隊が現われなかったので、艦隊主力をセイロン島南方海域からアッズ環礁泊地（モルディブ諸島南端。コロンボの南西九〇〇キロ）に後退させた。

かねて日本海軍は英艦隊の戦力をおおむね正確に読み、空母については旧来の二隻「インドミタブル」「ハーミーズ」と増派二隻（実際は「フォーミダブル」一隻）と判断していた。インド洋を西進中の四月四日、午後三時三十分（日本時間は午後七時。以下、昼夜が分かりやすいため現地時間で記述）近くにコロンボ南東八三〇キロの海域で、単機で触接中の「カタリナ」双発飛行艇を見つけ、各空母から零式艦上戦闘機二一《にいいち》型が発艦して攻撃、被弾着水させた。これが印度洋機動作戦での最初の一撃だが、翌日からの主役は艦爆隊が務める。

コロンボ突入の艦爆隊

当時、母艦機の整備は艦上戦闘機、艦上爆撃機、艦上攻撃機の機種ごとになされ、それぞれが、機材自体の整備と飛行作業に直結する整備とに分かれていた。

翌五月の珊瑚海《さんごかい》海戦で「翔鶴」が艦尾を損傷したとき廃止になったが、インド洋作戦までは船体の後端部に発動機調整室（エンジン調整場《ば》と呼んだ）なるスペースが設けてあり、ここでエンジンおよび機体が整備あるいは修理された。修理は弾痕ふさぎ程度までで、ひどい破損が生じた機は海中へ投棄する方針だった。

艦爆整備分隊の実働力は約一二〇名の下士官兵だ。下士官のトップに立つ先任下士の下に、十数名の整備員の指揮をとる班長たちがいる。班長の一人、宮下八郎二整曹（二等整備兵曹の略称）は整備歴六年。大陸の第十三航空隊で九六式陸上攻撃機を扱って「金星」エンジンに手なれたため、同系動力の九九式艦上爆撃機一一《いちいち》型の整備へコンバートされ、「赤城」、ついで「翔鶴」に乗艦したのだ。

機動部隊はまさしく破竹の勢い。「意気揚々、向かうところ敵なし。負けるはずはない」との宮下二整曹の気持ちは、皆に共通していた。

二整曹は言うに及ばず整備員の術力は高く、「金星」の完成度の高さとあいまって、エンジンの故障はめったになかった。いくらか生じた不調も確実に処置できた。

インド洋へ向けての航海が始まったセレベス近海で、そうした整備済みの機の試飛行に上がる飛行科分隊長の藤田正良大尉から「整備員が乗らないとエンジンの調子が分からない。乗れ」と、宮下二整曹に声がかかった。ふつうは整備側も、分隊長の野田左男中尉が同乗するところだが、無論断わるわけにはいかない。

艦爆は戦闘機についで運動性がいい。上昇後、垂直旋回、横転、上昇反転とテストが続くエンジンは快調だ。試飛行にさんざん付き合ってきた宮下二整曹は、神経の太さもあって、飛行の機動はたいてい平気だが、機がふかく傾斜したまま延々と抑え付けられる垂直旋回と、急降下後の眼前が暗くなる引き起こしを好まなかった。

高度三〇〇〇メートル。「これから降爆に移る」と伝声管からの大尉の声。下方は雲が張りつめ、「翔鶴」の位置は分からない。パワーダイブに入った。垂直に落下する感じで、主翼に皺《しわ》が走る。雲を抜けるとドンピシャリ、直下に母艦が見えた。

四月五日、セイロン南端から南へ二二〇キロ。日の出三〇分前、午前五時三十分の暗い洋上で、上空警戒の零戦が各空母から発艦。続いて「赤城」「飛龍」「蒼龍」の九七式艦上攻撃機一二《いちにい》型と零戦、「翔鶴」「瑞鶴」の九九艦爆が、それぞれ飛行甲板をあとにした。

一時間一五分後、合計一二八機の全機が早朝のコロンボ上空に到達した。整備員と搭乗員の術力の証明である。日本の艦隊航空隊をあまく見た英軍のおかげで、本来の強襲が奇襲に近い状態を作り出した。

高橋赫一《かくいち》少佐が指揮する「翔鶴」艦爆隊一九機は、雲の多さにもかかわらず、コロンボ港内の船舶をねらって急降下。二十五番（二五〇キロ）爆弾を大型商船に二～三発ずつ当てて炎上させた。

上：「赤城」艦上で九九式艦上爆撃機一一型の発艦準備が進む。後方は「翔鶴」のようだ。コロンボ空襲の４月５日と思われる。下：レイスコースに駐機する第258飛行隊のホーカー「ハリケーン」ⅡＢ戦闘機。九九艦爆を掩護する零戦隊に一蹴された。

ここへやって来たのが、コロンボ近郊のレイスコース飛行場からおっとり刀で離陸した、英空軍・第258飛行隊の「ハリケーン」ⅡＢ型およびⅠ型計一四機。味方の弾幕に突入し、艦爆を捕捉して二機撃墜を記録した。だが、掩護《えんご》の「赤城」の零戦隊九機が「ハリケーン」に襲いかかり、技倆差と性能差で追いまわして九機を撃墜（英側記録の実数）してしまった。

英側の撃墜戦果は、艦爆の降下を墜落とみなした誤認のようだ。零戦のおかげで、「翔鶴」艦爆隊は全機が続いて高射砲（海軍呼称は高角砲）台、船舶を銃撃した。攻撃が終わったころ、第二中隊二番機の操縦員・鈴木敏夫二飛曹は、長機の藤田大尉機から燃料が噴き出ているのを見た。

藤田機の偵察員・長光雄《ちょう》飛曹長が持つ黒板には、列機に帰投方向を示す矢印が書いてあった。さっぱりした性格の藤田大尉は、不時着すれば救助のために艦隊に迷惑をかける、と判断したのだろう、藤田機はそのまま海面に突入、自爆した。付近にいたジャンク（小型帆船）が浮遊物を取ろうと寄ってきたのを、鈴木二飛曹が銃撃し追い払った。

「翔鶴」艦爆隊の損失は藤田機だけ。ほかに三機が被弾したに止《とど》まった。逆に、空戦した「ハリケーン」五機全機の撃墜を報じているのは、明らかにオーバーな判定だろう。

英戦闘機に撃たれる

姉妹艦「瑞鶴」からも、坂本明大尉指揮の九九艦爆一九機が出撃。うち一四機がコンクリートや陸上施設の破壊に適した九八式二十五番陸用爆弾を、五機は鋼板貫通能力が高い対艦用の九九式二十五番通常爆弾を抱いていた。

コロンボまで三〇分ほどのころ、二中隊三小隊二番機の機内で、偵察員の上谷《かみや》睦夫二飛曹が冷えたサイダーびんを、操縦中の堀建二二飛曹に手わたしてくれた。ペアの思いがけない配慮に顔がほころぶ。ハワイ攻撃では後席に兵学校出の大塚礼二郎中尉が乗ったが、こんど

インド洋作戦前後の「瑞鶴」搭載の九九艦爆一一型。昭和17年の春にはこの写真の明灰色から、濃緑の上面塗装に変わりつつあった。偵察員は7.7ミリ旋回機銃を出して臨戦態勢をとる。

は甲飛予科練の同期生同士なので、気持ちがぴったり合っていた。

雲量は多くても、二～三度旋回しているあいだに、復活祭の日曜日《イースター・サンデイ》のコロンボ市街を視認できた。海岸の高射砲が放った黒い炸裂煙は、ハワイの弾幕にくらべれば大した密度ではない。坂本大尉の一中隊一〇機は、かねて日本軍が位置を承知のラトマラナ飛行場を確認し、降爆を開始する。

江間《えま》保大尉が率いる九機の目標は、港湾沿岸部の施設と船舶。陸用爆弾で建物をねらう堀二飛曹が、攻撃にかかろうとしたとき、右後方五〇〇～六〇〇メートルに二機が見えた。胴体に蛇の目のマーク——英軍機だ。

宇佐空での延長教育（実用機教程）で、胃が下がって食欲がなくなるほどの格闘戦の訓練を受け、戦闘機とわたり合える自信があった堀二飛曹も、二十五番を付けたままでは対抗不能だ。すぐに機を降下に入れて投弾し、そのまま避退に移った。

敵二機のうち一機が追ってきて撃ちかけられ、右翼の燃料タンク部分に被弾一発。はっきり衝撃を感じた。間合を詰められないように、オーバーブーストで海上へ離脱をはかる。ここに幸いにも零戦が現われ、たちまち捕捉された敵機は、白煙を引きながらジャングルへ落ちていった。

海岸線を越えるころ、堀機の右フラップ部から燃料が霧状に流れ始めた。漏れ切る前に使おうと、二飛曹はすぐに右翼タンクに切り換えた。発火すれば運命はきわまる。対空火器の射弾がしつこく周囲に飛んできた。

ようやく福永政登飛曹長の一番機と編隊を組めた。二小隊の稲垣富士夫一飛曹機が近寄ってきて、偵察席から石川重一一飛曹が「右脚がやられているから着艦時に気をつけろ」とチョークで書いた黒板を示してくれた。右の脚カバーとタイヤに対空砲火の弾片を受けていたのだ。噴出燃料には火がつかず一難は去ったが、また一難である。

「瑞鶴」へのアプローチ。いつもより機首を上げ気味に持っていく。艦尾をかわったら（飛行甲板の後端を越えたら）落とすように左脚を先に着け、手前寄りの制動索に着艦フックを引っ掛けて、右脚パンクの影響が出る前に、無事に機を止められた。

「瑞鶴」艦爆隊の損害は大きく、五機が帰らなかった。対空火器および敵機に落とされた、それぞれの機数は不明だ。被弾は五機で、堀機の弾痕は三二、酒巻秀明二飛曹機は六八（過半は高射砲の弾片による穴だろう）を数えた。同期操縦員二名を失った堀二飛曹は、仇討《あだう》ち

C作戦の２ヵ月後、インド洋を航行する英空母「イラストリアス」に積まれた、第806飛行隊のフェアリー「フルマー」IIおよび第881飛行隊のグラマン「マートレット」II両艦上戦闘機。

を誓った。

彼らを襲った敵機は「ハリケーン」と判断されたが、英側の資料と突き合わせてみると、実はラトマラナを発進した英海軍第806飛行隊のフェアリー「フルマー」II型艦上戦闘機八機（第806および第803飛行隊三機ずつとの資料もある）だった可能性が大きい。

「フルマー」IIは艦攻のような間延びした機体に一三〇〇馬力の液冷エンジンを付けた、戦闘機としては特異な単発複座という型式である。飛行性能は、零戦はもとより「ハリケーン」にもかなり劣り、カタログデータ的に九九艦爆といい勝負の、二流半の艦戦と言えよう。

いくらかの取柄は七・七ミリ機銃八梃（弾数各一〇〇〇発）の火力か。個々の弾丸の威力は小さくても、数撃《かずう》ちゃ当たる式の投網《とあみ》のような射弾は、後方に占位されれば脅威《きょうい》であり得た。視界不良で不意を突かれ、相手を「ハリケーン」と思いこんだ艦爆が、食われただろう事態もうなずける。また第806飛行隊は、地中海の母艦作戦でイタリア爆撃機一〇機を「フルマー」Iで撃墜するなど、在セイロンの航空隊のなかでは豊富な空戦経験をもっていて、これが「瑞鶴」艦爆隊に損害を強いた一要因だろう。

巡洋艦が現われた！

艦攻、艦爆の全力をコロンボ攻撃にくり出すのが、当初の計画だったが、敵艦の出現に備えて「瑞鶴」と「翔鶴」の艦攻、「赤城」および「蒼龍」「飛龍」の艦爆は残された。

これは正解だった。コロンボ攻撃隊がもどってきて着艦作業中の午前九時半、索敵に出ていた重巡洋艦「利根」の九四式水上偵察機から「敵巡洋艦ラシキモノ二隻見ユ」「敵ハマタ駆逐艦ナルヤモ知レズ」との電報が入った。

コロンボ港内の船舶、施設へのさらなる爆撃を要するとみて、魚雷を付けて待機していた九七艦攻には八十番（八〇〇キロ）爆弾への兵装転換が令せられ、作業にかかったが、「利根」機の電報によりまた雷装への変更命令が出された。艦爆の二十五番では巡洋艦に致命傷を与えがたい、との考えが常識だったからだ。

その後の午前十時二十分、軽巡「阿武隈」の水偵が敵を「駆逐艦二隻」と送信してきたため、艦爆だけで対処可能との判断がなされた。さらに一時間あまりのち、触接任務で出た「利根」の零式水上偵察機が「敵巡洋艦二隻見ユ」を知らせたとき、艦爆隊は出動を始めており、艦攻は雷装への変更を再開し第二次攻撃に従事するよう変更がなされた。

二十五番(250キロ)爆弾を装備した九九艦爆一一型が、フラップをやや下げて「赤城」の飛行甲板を走る。4月5日の状況。

兵装転換は爆弾の種類にもよるが、雷装から爆装が二時間半、その逆が二時間かかる。再三の変更は結局、艦攻隊の出動を不能にした。偵察の粗《あら》さと艦攻の兵装転換は、二ヵ月後のミッドウェー海戦で再現され、大損害を招くが、これは本稿の主題ではない。

二隻の英艦は一万トン級の重巡で、ほぼ同型の「ドーセットシャー」と「コーンウォール」。日本軍の攻撃を避け、主力艦隊に合流するべく、コロンボを四月四日遅くに出港したが、翌朝、日本軍水偵に見つけられたため、一航艦機動部隊から離れようと高速で航行した。

午前十一時二十分ごろから「赤城」の一七機を先頭に、「飛龍」一八機、「蒼龍」一八機、合計五三機の九九艦爆が発艦した。「おおらかで胆力がある。部下を可愛がり、おべんちゃらを言わない人」と「赤城」の艦爆分隊長・阿部善次《ぜんじ》大尉が感服する、「蒼龍」艦爆隊長・江草隆繁少佐が全体の指揮官だった。

搭載の弾種は、対艦用の二十五番通常爆弾が主体で三七発、汎用《はんよう》の二十五番陸用爆弾は一六発。どちらにも遅動秒時が〇・二秒と長い九九式通常爆弾信管内が付いていた。二十五番に用いる場合、空母、軽巡、大型商船、舗装滑走路などの破壊を目的とする信管（八十番にも使用可）である。

英巡洋艦攻撃までの艦爆隊の飛行

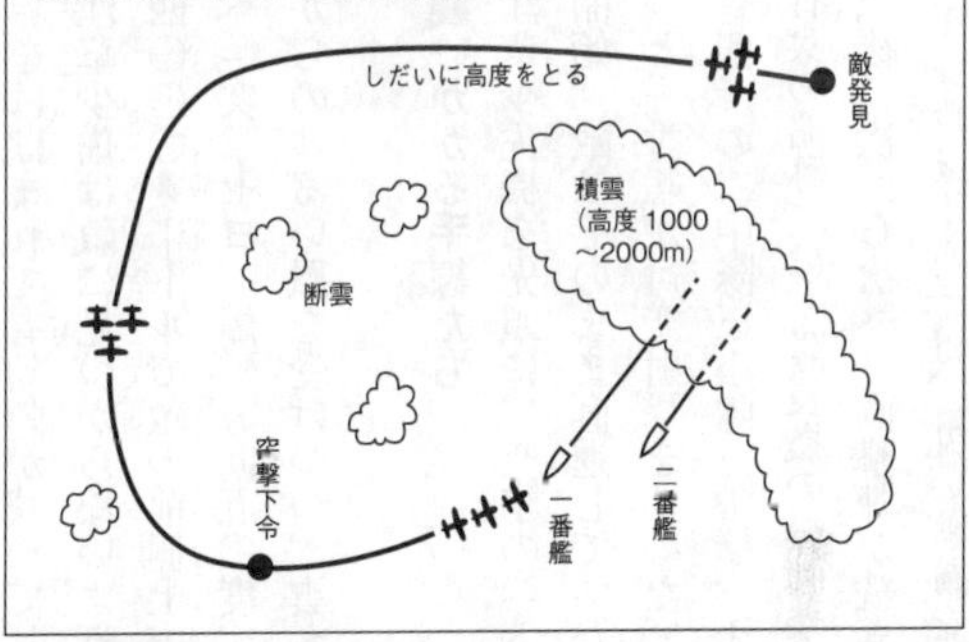

艦爆隊は八〇〇メートルほどの高度を、南西方向へ飛ぶ。途中の天候は雲量四～五の半晴、ところどころに大きな積雲がわいていた。発艦から五〇分後に、敵がいるはずの海域に達したが、艦影はなかった。

四～五分後、英重巡二隻を発見。江草少佐機の偵察員、ベテランの石井樹飛行特務少尉は直ちに「敵見ユ」を打電する。しかし江草少佐は、すぐには突撃を下令しなかった。

一番艦（ドーセットシャー）が右前方、二番艦（コーンウォール）が左後方を進む、右先頭単梯陣である。針路二〇〇度（南南西に近い）、速度二六ノット（四八キロ／時）。まだ艦爆隊に気付かないようすだったが、敵艦の上空に巨大な積雲があった。このまま攻撃に入れば、敵艦視界をはばまれて有効弾が減ってしまう。

江草少佐は敵に見つからないよう太陽を背に、積雲の右側を大回りしつつ上昇を続け、高度四〇〇〇メートルで敵の前側上方、風上に占位する。この間三五分。午後一時一分前、各機へ「突撃セヨ。爆撃方向五〇度、風二三〇度、六メートル」を発信した。降爆に有利な後方からのゆるい風を受けつつ、雲から出てくる目標にねらいを定める絶妙な機動だ。

襲いかかる手練《てだれ》たち

江草少佐機を先頭に、突撃の「ト」連送を受けた「蒼龍」隊が、二番艦をめざして急降下を開始。敵はそのまま直進していたが、江草機が高度二〇〇〇メートルまで降りたころに、やっと二番艦が対空射撃を始めた。

「蒼龍」の二中隊三小隊三番機、すなわち一八機編隊の最後尾を飛ぶ小瀬本國雄一飛（一等飛行兵の略称）は、隊長機の爆弾が艦橋後部に命中、炸裂したのを見た。

以後、次から次へと直撃弾が続き、小瀬本機の番が来たときには、舵機をやられたらしい「コーンウォール」は、丸い航跡を残して沈みかかっていた。高度四〇〇メートルで放った二十五番は艦橋の前部に当たり、火煙を噴き上げた。

「赤城」艦爆隊を率いるのは阿部大尉。出撃前、敬愛する隊長の千早猛彦《たけひこ》大尉から「身体の調子がよくない。分隊長、願います」と指揮を託された。

「赤城」隊は二番艦、との命令を江草指揮官から受け、阿部大尉は「蒼龍」隊とともに「コーンウォール」へ突進し投弾した。後ろの偵察員・斉藤千秋飛特少尉が「指揮官、命中しました」と伝声管で告げてきた。二番機、三番機と直撃弾は続く。

避退行動中の英重巡２隻はたちまち命中弾に傷ついた。右が1番艦「ドーセットシャー」、左が2番艦「コーンウォール」。

いつもは千早隊長機を操縦する古田清人一飛曹は、臨時に若い川井裕二飛曹とペアを組んで、二中隊三小隊長を務めた。ミスを生じてはならない隊長機の操縦員よりも、自分の裁量で攻撃をかけられる今回の立場の方が、気分的にははるかに楽だった。

九四艦爆いらい実戦キャリアを重ね、「射撃はさておき爆撃技倆は抜群」と自他ともに認める古田一飛曹。穏やかな風と波の好条件のもと、散発的な対空射弾にかまわず、内地の訓練と同じ感覚で急降下していく。投下後に機を少し傾け、自分の爆弾と直撃をわが目で確かめた。

分隊長・小林道雄大尉が指揮をとる「飛龍」隊は、一番艦「ドーセットシャー」へ殺到した。小林機からの第一弾は、後部煙突付近で炸裂した。当初はな

「飛龍」艦爆隊の攻撃によってこの時点で10弾ほどを受けていた「ドーセットシャー」は、火煙を引いて離脱をはかったけれども先に沈没した。手前に写る左翼端は「飛龍」の九九艦爆。

かなかの照準を見せた敵の火器も、被爆によりまもなく鳴りを潜めてしまった。あとは着弾回避の蛇行航行に努めたが、容赦ない連続の命中弾を受け、艦橋から後方が黒煙に包まれる。

一中隊二小隊長の下田一郎中尉の爆弾は、一番艦の前部煙突の前を破壊した。かねて艦爆という機種に強く入れこんでいた下田中尉は、列機の降爆状況にも注意の目を向けた。二六ノットと予想外の高速目標に反航（向かい合う）で迫ったため、降下角度が深くなりすぎ、七〇度に達する機も生じたのを見て、高速航行艦船に対する訓練の必要性を感じている。

一番艦は第一弾の命中後わずか一三分、大爆発とともに午後一時二十二分に海中に没した。爆撃開始から数分で左舷に傾斜し、行脚《いきあし》が止まった二番艦も、初弾爆発から一八分で転覆、一時二十五分に沈没した。駆逐艦しか沈められない、と見なされていた二十五番爆弾の定説は、完全にくつがえされた。「大巡（大型巡洋艦）二隻沈没」を受信した機動部隊の各艦内に歓声が

舵機を壊され艦首が沈みかかって、航行能力を失った「コーンウォール」。もれ出た重油がセイロン南西海面に広がった。

満ち、二次攻撃隊の艦攻の即時待機が解かれたのは述べるまでもない。

両艦の沈没後、周辺海面に一〇〇名ほどずつの乗組員が浮いており、「飛龍」隊はこれらに一航過の銃撃を加えた。「蒼龍」隊、「赤城」隊は不明だが、同様の行動をとった機が多かったのではないか。浮遊将兵は降服しておらず捕虜ではないから、攻撃するのは何ら問題のない行為なのだ。

「赤城」隊の投下弾数一六発（一機だけ投下不能）のうち一五発、「蒼龍」隊一八発のうち一四発、「飛龍」隊一八発のうち一七発が、それぞれ両重巡に命中した。合わせて五二発中四六発、八八・五パーセントという驚くべき命中率が記録された。対する艦爆隊の損害はゼロ。全機が一発の被弾もなく帰投し、午後二時三十五分から空母への着艦にかかった。

圧勝の主因にまず挙げられるのは、搭乗員の練度の高さ。そして、好機を得られるまでリードした江草指揮官の判断力だ。この二点は当然ながら戦訓として記録されたが、実は書かれなかったさらなる要因があった。

それは敵戦闘機の不在だ。たとえ二流機であれ戦闘機が十数機、敵艦の上空にいたら、九九艦爆の行動は激しく制限され、落とされる機があいついだに違いない。コロンボ空襲の艦爆隊がその傍証と言える。

もし敵に戦闘機の掩護《えんご》があると分かったなら、一航艦司令部は艦爆に零戦隊を付けて出しただろう。零戦とその搭乗員の威力が、英戦闘機を圧倒するはずなのも、やはりコロンボ上空の戦いが証明している。だがこの場合も、いくばくなりとも敵機の行動に妨げられて、戦史に残る驚異的な爆撃命中率は望めず、何機かの艦爆が撃墜されたと推定できよう。

最高の標的

コロンボを空襲した翌日の四月六日、セイロン島第二の要衝・トリンコマリーへの空襲は九日と定められた。セイロンの南方海域にいた一航艦機動部隊は、敵機の攻撃を受けないように同島の南東方を大きく迂回《うかい》。最大一〇〇〇キロも離れたのち、九日の未明にトリンコマリー東方三百数十キロに至った。

発艦は午前五時半。九七艦攻九一機と零戦四一機が、トリンコマリーをめざして飛び立っていった。五日のコロンボ空襲のさいと同様に、やがて攻撃隊と「ハリケーン」との空戦が展開されるが、それを語るのが本稿の目的ではない。

九九艦爆の全機と少数の零戦は、無傷の英空母が出現する可能性を考えて、待機させてあった。五日のときも母艦に拘置されたため、おもしろくない「赤城」艦爆隊の士官搭乗員が、航空甲参謀の源田実中佐に「私たちにもやらせて下さい」と訴えたが、もちろん却下である。前回はおかげで英重巡を撃沈できたのに、「いつも柳の下に泥鰌《どじよう》がいるもんか」と、むくれて艦橋を降りていった。

しかし「泥鰌」は、またしてもいた。戦艦「榛名」を発した水上偵察機（おそらく九五式）は午前七時二十五分、艦隊から三〇〇キロ近く西方で「敵空母ハーメス、駆逐艦三隻見ユ」との電報を送ってきた。

「ハーメス」はかねてこの方面での存在が確実視されていた。日本側では「ハーミス」とも呼ばれ、正しい発音に近い「ハーミーズ」の呼称を用いる者も少数だがいた。「駆逐艦二隻」のうち二隻は商船あるいは油槽船の誤認だった。

洋上航空兵力にとって、最大の攻撃目標は空母だ。戦艦、巡洋艦の比ではない。ハワイで撃ちもらしているから、各艦内はどよめき、先ほどまで不平をもらしていた艦爆隊は一転、闘志をみなぎらせた。

五分後の七時半に出撃が令せられ、八時十三分から発艦が始まった。一航戦の「赤城」一七機、二航戦の「蒼龍」一八機、「飛龍」一八機、五航戦の「瑞鶴」一四機、「翔鶴」一八機、合計八五機の九九艦爆が艦隊の上空で編隊を整えて、西南西へ向かった。全体の指揮官は「翔鶴」飛行隊長の高橋少佐である。すでに一三〇機以上の戦爆連合をトリンコマリーへ送

静かなインド洋を航行する「瑞鶴」から、濃緑塗装の九九艦爆が発艦した。英空母「ハーミーズ」を撃沈の４月９日の撮影。

ったのに、さらにこれだけの攻撃戦力を振り向けうる、空母集団五隻の大きな威力。

七九機は二十五番通常爆弾を、「赤城」隊の六機は二十五番陸用爆弾を搭載。前日の重巡攻撃時と同様に、どちらにも遅動秒時〇・二秒の信管を付けていた。

問題は掩護の零戦にあった。敵空母がいれば、その上空には敵戦闘機がいるだろう。一航艦司令部は当然の判断をなしたが、艦隊上空の防衛にも必要で（事実ブリストル「ブレニム」双発爆撃機が来襲した）、多くの零戦を付けてやれない。固定機銃を備え、戦闘機につぐ機動力を有する、艦爆の能力に恃《たの》むしかなかった。

それでは「ハーミーズ」攻撃隊の掩護零戦は何機か。空母五隻の行動調書の現存部分を見ると、「蒼龍」三機、「飛龍」三機の合計六機だが、源田参謀の戦後の手記と、「飛龍」艦爆隊一中隊二小隊長・下田中尉の勤務録の記述には、合計九機とあり、もう一隻から三機出たように受け取れる。

直撃！　また直撃！

「ハーミーズ」と、オーストラリア海軍駆逐艦「バンパイア」、コルベット艦「ホーリー」、油槽船二隻は、空襲を避けてトリンコマリーを出港。日本機が去ったとの報告により、帰還するところを水偵に見つかったのだ。

基準排水量一万八五〇トンの「ハーミーズ」は、日本の「龍驤」と似た大きさの小型空母で、当初から空母として建造に着手された世界最初の艦（完成は「鳳翔」に遅れた）である。

戦闘機は積まず、唯一の配備部隊・第814飛行隊の使用機は旧式のフェアリー「ソードフィッシュ」複葉艦攻で、中東での作戦経験があったが、一二機ともトリンコマリーに近いチャイナ・ベイ飛行場に置かれたままだった。

すなわち敵は、一航艦司令部が心配した戦闘機は言うに及ばず、飛行機を一機も持たないハダカの艦隊なのである。

水偵の報告に基づく予定海域に至った艦爆隊は、英空母を発見できず、セイロン東岸沖を索敵しながら南下。ついで北へ変針し、一〇分後の午前九時五十二分に、駆逐艦「バンパイア」を前方に置いた「ハーミーズ」が、二〇ノット（三七キロ／時）前後の速力で、トリンコマリーから南南東へ一〇〇キロのカルムナイの東方沖を、真北へ向けて航行しているのを認めた。

艦橋構造が大きいため大型艦と間違えやすいが、「ハーミーズ」は「龍驤」に似た規模の小型空母で、日本側に捕捉された時は１機も積んでいなかった。

艦爆隊の高度は五〇〇〇メートル。周囲にも下方にも敵機は見当たらない。大編隊は空母に対する同航から旋回し、左舷に敵を見ての反航のかたをとなった。高橋少佐機の偵察員・野津保衛飛特少尉が「・・ー・・《トトツートト》」くり返しのト連送で、突撃を下令する。

まず高橋機が翼をひるがえして反転、高度四〇〇〇メートルで艦尾方向から降爆に入り、直率《じきそつ》の「翔鶴」隊が間隔をとりつつ一本棒に連なって続いた。少佐が放った初弾は「ハーミーズ」の艦橋のすぐ横で炸裂した。

「翔鶴」隊の搭乗員は、降下につれてぐんぐん大きくなる英空母の飛行甲板に、機影がないのを知った。敵の護衛機が皆無なら、四日前の重巡攻撃と同じように、空戦に脅《おびや》かされず爆撃できるわけだ。ただし「ハーミーズ」単艦の応射はなかなか激しかった。

一〇発ほどの直撃弾をこうむって、甲板と格納庫の一部に火災を生じ、破壊された舷側から浸水したらしく、吃水が深くなった感じの空母だが、なおも六ノット（一一キロ／時）ほどで進んでいた。

「翔鶴」隊に続いて、「瑞鶴」隊も単縦陣で急降下に入る。隊長・坂本大尉機の初弾、中西義男一飛曹機の第二弾が命中するのを、堀二飛曹は降下中に目撃した。風はなく、演習どおりの攻撃である。

艦首と左舷を海面下に沈め、煙を激しく噴き上げる断末魔の「ハーミーズ」。「飛龍」の九九艦爆が撮影した有名な画像だ。

「瑞鶴」隊で一三番目の二十五番爆弾を堀二飛曹機が放つとき、空母はすでにいくらか左傾していた。艦橋を狙った彼の爆弾は煙突に吸いこまれ、炸裂煙の噴出を確認できた。

「ハーミーズ」の傾斜は増して、左舷の対空火器が海中に没した。だが、ほかの高角砲、機銃は射撃し続けている。堀二飛曹は予科練同期の偵察員・上谷二飛曹と「あれがユニオンジャック魂か。すごいな」と語り合った。

江草少佐指揮の「蒼龍」隊が爆撃にかからない（後述）ため、小林道雄大尉の「飛龍」隊が突入を開始、一一機の投弾で直撃弾九発を得た。上空で降爆の順番を待っていた「蒼龍」隊の小瀬本一飛は、

オーストラリア海軍駆逐艦「バンパイア」は、群狼に追われる羊だった。このあとまもなく船体が２つに折れて轟沈する。

隊のしんがり一八番目だ。空母への立て続けの直撃弾に「このぶんでは番がまわってこないね」と、偵察員で機長の高野義雄二飛曹に伝声管で不満げに語りかけた。高野兵曹も「みんな先頭の連中が沈めちゃうんだもの」と不服なようすだった。

もはや瀕死《ひんし》の空母ゆえ、「赤城」隊は二機だけしか攻撃しなかった。艦首を海面下に沈めた敵艦は左傾を強め、午前十時二十五分、そのまま沈没していった。合計四五機が空母へ投弾し、うち三七発もが命中するハイスコア（命中率八二パーセント）である。

「赤城」隊の指揮官は五日の重巡攻撃時と同じく、阿部大尉と行動調書には記されている。阿部さんも筆者に「この日も隊長の千早大尉に代わって、私が指揮をとりました」と語った。けれども千早大尉の操縦員だった古田清人さんは「行動調書は誤り。九日は千早大尉が指揮官に復帰し、ＡＩ－201号機でいっしょに飛んだのです」と断言した。どちらが正しいのか筆者には軽々には判定し難く、本稿ではあえて選択を避けておきたい。」

艦爆は戦闘機たり得ず

沈みかけた「ハーミーズ」はほうっておいてもいい、と見た「赤城」の古田一飛曹は、近くにいた随伴の駆逐艦「バンパイア」に目標を移し、真っ先に降爆を加えて艦橋の後方に直撃させた。いまだ爆装状態の「赤城」隊の一二機と「飛龍」隊の四機が、続いて襲いかかり、それぞれ一二弾全弾および一弾の命中を報じ撃沈した。両隊の命中率に、大差が生じた理由は詳《つまび》らかでない。

「ハーミーズ」が沈む少し前に、軽巡「阿武隈」の水偵（「榛名」の水偵との資料もある）から、その北方二〇浬《かいり》（三七キロ）に空母がもう一隻いる、との電報がもたらされた。

このとき「蒼龍」隊を指揮する江草少佐の機から、「目標変更」が列機へ伝えられた。北方にいる別の空母を攻撃する命令が、全一八機が未投弾の「蒼龍」隊に与えられたのだ。やはり二十五番を抱えたままの「飛龍」隊三機、「赤城」隊三機も、少佐の指揮のもとに同行した。零戦はついて来なかったようだ。

合計二四機の九九艦爆は報告地点上空に達し、三度目の「柳の下の泥鰌」を探したが、空母の姿はどこにもなかった。「赤城」隊と「飛龍」隊の計六機は大型商船（五五七〇トンの「アセルストーン」）を捕捉し、午前十時四十分ごろ六弾全弾の直撃により撃沈した。

あくまで空母攻撃を望む江草少佐は、「蒼龍」隊を率いてなおも北方への索敵を続行。だが、商船二隻（油槽船「ブリティッシュ・サージャント」、ノルウェー船「ノルビケン」）と哨戒艇（コルベット艦「ホリホック」）を認めたにすぎなかった。

水偵は商船を空母と誤認したようだった。敵機がじゃまするわけでもないのに、長時間の触接で商船を空母と見誤った識別力の未熟は、のちの戦訓考査時に問題視される。

十一時半をまわって攻撃開始。大小二隻の商船に「蒼龍」隊の一二機がかかり、一〇弾を当てて葬り去った。哨戒艇には六機が降爆をかけて沈めはしたが、小型で機敏な着弾回避ゆえだろう、命中は一発だけだった。

十数分の爆撃後に「蒼龍」隊が引き揚げかけたとき、「水冷エンジンの図体の重そうな英戦闘機」（小瀬本さんの表現）が来襲した。

これらは「ハーミーズ」の危機を救おうと、コロンボ近郊のラトマラナから飛来した、英海軍第803および第804飛行隊の「フルマー」Ⅱ艦戦八機である。日本側はこの敵を優秀機「スピットファイア」と推定したが、飛行性能がはるかに凡庸《ぼんよう》な単発複座機なのは前に記した。機名の推定がいささか安直にすぎよう。

艦爆の過半が格闘戦に入って機首の七・七ミリ固定機銃を撃ち、どの機の偵察員も七・七ミリ旋回機銃で応戦した。二五分間の空戦で七機撃墜（うち不確実二機）を記録したのに対し、艦爆四機が落とされ、小隊長の菅原進飛曹長ら八名が戦死している。ほかに五機が被弾した。

英側の報告戦果はひかえめな撃墜三機。「フルマー」の被撃墜は二機だから、日英の実際の損失機数は四対二で、五日に続いて艦爆隊の負けに終わった。二流半の戦闘機とはいえ、やはり七・七ミリ固定機銃八梃の火力には敵わなかった。

艦爆の空戦はほかにも生じた。「ハーミーズ」撃沈後の「翔鶴」隊と、掩護の「飛龍」の零戦三機が、日本機動部隊を爆撃した英空軍第11飛行隊のブリストル「ブレニム」双発爆撃機四機（日本側判断）とすれ違った。艦爆と零戦は追撃して二機撃墜を報告したと行動調書にあるが、残念ながら具体的内容と実情を示す資料や回想を得ていない。

インド洋機動作戦の立役者は、なんと言っても艦爆隊である。艦船や陸上施設をつぶしてまわったその活躍を、黙々と作業して支えた整備分隊員たちが、ひときわ誇らしげな感慨にひたるのは当然だった。

「ハーミーズ」撃沈を伝える艦橋からの放送を、「翔鶴」の艦爆整備班長・宮下二整曹は、持ち場の発動機調整室で聴いて「やった！」と心が躍《おど》った。居合わせた整備員は、こぞってバンザイを叫ぶ。

待ち受ける逆相似形

一航艦機動部隊のC作戦は、進攻、制空、防空のいずれの面でも成功を見た。主因は画然たる戦力差にあった。

英側の判断ミス、配慮不足、戦闘の不なれ、質と量の両面の劣勢が、日本側の失策を消してくれた。天候も日本側に有利に作用した。さまざまな面の不均衡が歴然の戦いであり、勝ち戦《いくさ》の勢いは強運を呼びこんだ。運の在庫を過度に消耗した、とも表現できるほどに。

その一典型が「ハーミーズ」撃沈である。空母対空母の空海戦で、一方が搭載機ゼロのケースはほかにない。艦爆隊はほとんどやり放題のかたちで、直撃弾を与え続けた。

これがモルディブ諸島アッズ環礁方面へ避難していた艦隊型空母の「インドミタブル」か「フォーミダブル」だったなら、九九艦爆では太刀打ちしがたい単座艦戦のホーカー「シー・ハリケーン」Ⅱ型、グラマン「マートレット」Ⅱ型、低性能でも艦爆には手ごわい「フルマー」Ⅱ型に上空警戒を担当させていたはずだ。そして、わずかな零戦では掩護しきれず、一航艦司令部の懸念を上まわる損失を余儀なくされたに違いない。

また、トリンコマリー空襲の時間がずれていれば、航空基地からわずか一二〇キロの海域で苦闘する「ハーミーズ」を、無傷の「ハリケーン」や「フルマー」が発進して支援に努めたことだろう。

敵味方の各種の不均衡が小さくなれば、上首尾と不首尾、幸運と不運は意外に容易に逆転しかねない。セイロンを巡る戦いから一ヵ月後の珊瑚《さんご》海《かい》海戦は、戦術と戦略の差はあっても、日米互角の結果をもたらした。この海戦が点対称の中心点のように思える。

さらに一ヵ月後、日本機動部隊はミッドウェー海戦で惨敗を喫する。あたかもインド洋機動作戦の裏返しのごとくに。

〔重量では二五〇キロ級と六〇キロ級が主体の日本海軍の爆弾は、いずれも一桁《ひとけた》目を丸めて二五〇キロ爆弾、六〇キロ爆弾などと呼ばれ、表記された。昭和十四年から十五年にかけて、一桁目を省略し、多少の幅は丸めて、「キロ」のかわりに「番」を付す呼称に変わり、二十五番爆弾、六番爆弾（二十五番、六番と略す）と称した。ほかに三番（三〇キロ）も使われ、八十番（八〇〇キロ）、八番（八〇キロ）、一番（一〇キロ）などもあった。〕

艦爆隊指揮官は語る

——操縦と偵察の真珠湾からマリアナ沖まで

海軍で最もきびしい機種はなんだろう？　生還率が低いのはどんな飛行機か？

「作戦飛行が肉体的にも精神的にも過酷で、生還率が低いのはどんな飛行機か？」という質問だ。

すぐに脳裡《のうり》に浮かぶのは艦上戦闘機だが、来攻する敵機に対し、長機あるいは搭乗員個人の意志で自由に機動し戦え、避退もできるから、まだ救いがある。艦戦は単座で、空戦に負けた責任を自分の生命でとるのも、納得がいく結末と言えよう。

艦上爆撃機のつらさは、その最大特徴の急降下爆撃時に集約される。真下へ吸いこまれるような六〇度のパワーダイブ。異常なマイナスGに耐え続け、目標を注視し、爆弾を放つや一気に機首の引き起こしにかかって、全血液が逆流し眼前が闇と化す恐るべきプラスGに襲われる。まっしぐらに降下するあいだ、対空弾幕にさらされ続け、離脱後に立ちはだかるのは敵戦闘機の壁だ。

後席に座る偵察員は、操縦員に劣らず、いやそれ以上につらい。操縦桿を握って自分の意志で急降下に入れるよりも、受身で味わうほうが大変なはずだ。しかも、攻撃後にちゃんと帰投できるように、チャートへの針路記入をつねに怠《おこた》れない。電信も旋回機銃も担当するから、前を向いたり後ろ向きになったり、気持ちの休まる暇がない。

前席は偵察員を無事に連れ帰れるように懸命に操縦し、後席は茫漠たる大海原から母艦や基地へ操縦員が誤りなく飛べるようにコースを示す。戦争が進むにつれて、この信頼し合うペアの飛行を妨《さまた》げる要因が膨れ上がって、未帰還率は戦闘機と同等、あるいはそれ以上に増えていく。

そんな激戦を戦い抜いた、第六十四期兵学校生徒出身の操縦士官、偵察士官の回想談を、一九九九年（平成十一年）にうかがった。紙面に再現し、最難物機種・艦爆を率いた二人の実情をお知らせしたい。

〈阿部善次《ぜんじ》さん〉

筆者「もともと航空を望んだのですか」

阿部「兵学校卒業後の遠洋航海から帰ってきて、一六〇名全員が航空講習で霞空《かすくう》（霞ヶ浦航空隊）へ行き、適性を試されました。一ヵ月たって航空を希望するか否かを問われ、『熱望』

と書いた。上には上がいて『大熱望』とか『超々熱望』というのもありました」

筆「飛行学生はその翌年、昭和十三年（一九三八年）八月から翌年三月までの第三十一期ですね」

阿「ええ。運動神経がよくても飛行学生不適とされた者、鉄棒の逆上がりができなくても選ばれた者がいましたよ。五九名のうち、陸上班の三四名に入れられた。卒業時に操縦二四名が、戦闘機（艦上戦闘機）一〇名、艦攻（艦上攻撃機）一〇名、艦爆四名に分かれて、私は少数派の艦爆です。機種の希望はとられなかったように思います。戦闘機は華々しくて一番いい、という概念はありました。艦爆に決まって、特別な感慨はなかったですね。

実用機教程は大村空。九四艦爆（九四式艦上爆撃機）を二ヵ月近くやってから、九六艦爆で降下角五五～六〇度までの降爆訓練です。六〇度以上で突っこんで羽布《はふ》（布製の外皮）が破れて捲《めく》れ、事故寸前のケースもあった。大村湾に浮標を置いて、後席が『一〇〇〇メートル…九〇〇メートル…よーい、テーッ』と言い、高度八〇〇メートルから一キロの演習弾を投下。引き起こしで五～六Gがかかり、脊椎《せきつい》を痛めかねません」

筆「そのあとの実施部隊は？」

阿「佐伯空です。十四年八月から毎日飛んで、射撃、空戦、対潜哨戒、写真偵察とひととおり訓練した。『赤城』でともに真珠湾へ行った古田君（古田清人《きよと》一飛曹）もここにいましたよ。翌年の春、横空で九九艦爆の講習を受け、数機もらって佐伯に帰りました」

筆「九九艦爆はよかったですか」

阿「九六艦戦が単葉・固定脚、九七艦攻が単葉・引き込み脚で、九六艦爆だけ羽布張り複葉だったから、嬉しかったですね。固定脚は不満でしたが、性能は九六とは段違い。構造が頑丈で無理がきくし、上翼がないから視界もよかった」

筆「この機の特徴のひとつである抵抗板、海軍で言うエアブレーキは、どのあたりで開くのですか」

阿「急降下に入れる前です。高度六〇〇〇～五〇〇〇メートルから二〇度ぐらいの緩《ゆる》い角度で、いいポイントへ占位しつつ三五〇〇メートルあたりまで降りる。ここでエアブレーキを開き、目標に向けて五〇～五五度で突っこみます。九九艦爆は向かい風だと煽《あお》られやすい（機首が浮いて降下角が浅くなりやすい）ので、追い風で（降爆に）入るようにしました」

筆「阿部さんは空母経験が長いですが、初めは『蒼龍』？」

阿「そう。十五年十一月に着任しました。中型の、バランスのとれた空母です。操縦技術のうちで母艦着艦がいちばん難しい。自分は着艦はうまい方では、と思います。支那事変（日華事変）での実戦は初陣《ういじん》の一回だけ。小隊長になって、福州あたりの沿岸の、どうでもいいような場所へ二十五番（二五〇キロ爆弾）を落として終わり。『蒼龍』では一時、同期《クラス》の有馬といっしょでした。

開戦の年の四月からは『赤城』です」

筆「『蒼龍』の艦橋は右側、『赤城』は左ですが、着艦時どちらがやりやすいですか」

阿「艦が大きいから『赤城』のほうが楽ですが、艦橋はどちらでも構いません。〔飛行甲板の〕センターラインと、ピッチング、ローリングに合わせて降りるだけで、私は艦橋を見ないんです。着艦をだいぶやってから、模型を見て『赤城』の艦橋が左にあると初めて分かった。

　真珠湾攻撃をひかえて、命中率を高めるために投下点を八〇〇メートルから四〇〇メートルに下げました。思い切り引き起こして、五〇～三〇メートルで水平に起きる。起こしきれずに海へ突っこんで、殉職者も出ました」

筆「真珠湾へ行くときの心境は？」

阿「任務、仕事なので、淡々としていました。喜怒哀楽を表情に出さないのが心得《こころえ》です。遺書はいちおう書いて、分隊長私室の引き出しに入れておいた。まだ暗いなかを発艦する一次（第一次攻撃隊）の機の、流れていく灯火がきれいでした。

「赤城」艦爆隊を率いた千早猛彦大尉は沈着冷静な傑物。

　巡洋艦以上の鋼板は二十五番では抜けない、ということでした。一次は相当な被害を与えただろうが、上空からは分からない。そこで、二次も主力艦を攻撃して、戦果を確実にせよ、との司令長官（南雲《なぐも》忠一中将）の訓示

真珠湾攻撃から帰ってきた分隊長・阿部善次大尉と「赤城」搭載の九九艦爆一一型。昭和16年12月下旬、岩国基地で写す。

があった。二列に並んだ敵艦隊の、外の列には雷撃が効くが、内側まで届かない。水平爆撃は命中率が悪いから、これ（内側の列の艦）をやろう、と発艦時から思っていました。隊長の千早（猛彦《たけひこ》）大尉と相談したわけではありません。

千早大尉は大人しく、怒った顔をみた記憶がないが、頭がよく、闘志をあらわにしない立派な人でした」

筆「ハワイ作戦、インド洋作戦で艦爆隊は活躍しました。その次の阿部さんの出撃は十七年六月、『隼鷹』でのアリューシャン作戦ですね。敵戦闘機との空戦を予感しましたか」

阿「ふつうは直掩《ちょくえん》（直接掩護）の零戦に任せればいいから、深刻には考えません。それでも戦闘機につかまったら〔空戦を〕やらなきゃ仕方がない。対等の条件なら、艦爆の分《ぶ》が悪いに決まっています。

ダッチハーバーがあるウナラスカ島へ四日に行ったときは、敵機に追われて母艦に引き返した。翌日の早朝の出撃も霧が濃くてうまく行かず、午後、選抜した一一機で三度目の出撃。運よく雲に切れ目があって、そこから一本棒（単縦陣）になって突入し、地上から撃ち上げられるなかで、とにかく目に入った目標の燃料タンクなどを爆撃しました。ここで隊は分離してしまい、列機二機を連れて会合点（集合空域）へ向かう途中、西隣のウムナク島との狭い水道へ差しかかるところで、会敵したのです。

前方上空に零戦が飛んでいるのを見て『待ってくれているんだな』と思ったが、九機もいる。敵機だ、P－40だと分かりました。一ヵ月前に伊豆で雲中に入り列機に接触して死んだ同期の二階堂（易《やすし》大尉。零戦）のことが頭に浮かび、編隊のまま周《まわ》りの雲に突っこむのをやめたんです。P－40と戦えば一対一でも勝ち目はうすい。しかし自滅よりはと、編隊を解いて単機空戦を選びました。

六〇度の垂直旋回（宙返りではなく、機を大きく傾けての水平面での旋回）で、互いに後ろに食いつく三つ巴《どもえ》の戦い。三機を攻撃し、撃ち落としたように思います。ここで雲にとびこんだが、列機は見えなかった」

筆「阿部さんが交戦したのは第11戦闘飛行隊のP－40E八機です。ウムナク島上空で九九艦爆を三機撃墜と記録しているから、阿部大尉機をも落としたうちに入っているのかも。巴戦で落とされたジョン・J・ケイプ少尉機は、阿部さんの戦果とも考えられます」

阿「アラスカの博物館が、ウムナクのツンドラから引き上げたP－40の写真を送ってきまし

1982年（昭和57年）６月にアリューシャン列島ウムナク島で発見のカーチスＰ－40Ｅは、阿部機の撃墜戦果と推定された。

たよ。弾痕が七ミリ七（七・七ミリ弾）だけなので、『撃墜者はあなただ』という館員の手紙が添えてあった」

筆「昭和十五年三月から四年間乗られた九九艦爆に比べ、『彗星《すいせい》』はどうでしたか」

阿「速度、運動性をはじめ、全体に九九艦爆よりもいい飛行機ですが、エンジンの整備がやっかい。訓練部隊の百里空（百里原《ひゃくりがはら》航空隊）の飛行隊長だった十九年三月、六五二《ろくごおに》空（第六五二航空隊）の飛行隊長の辞令が出ました。二航戦（第二航空戦隊）の空母三隻に分けて搭載する艦爆隊のうち、四分の三が九九艦爆で、残りの九機（常用機数）だけが『彗星』。そう、『彗星』が足りないからです。

『彗星』には腕のいい搭乗員を選んで、私の直率《じきそつ》にしました。『隼鷹』の甲板長では本来は無理な飛行機だが、合成風速さえあれば、着艦自体は難しくない。五月十日に岩国沖で私が最初に着艦し、うまく降りられたので、残り八機にやらせたら、六機目か七機目の一機だけ飛行甲板から外れて海中に落ちた。九九艦爆と違って

『彗星』はすぐに沈むので、後続の『トンボ釣り』（搭乗員救助）の駆逐艦が間に合いません」

筆「あ号作戦／マリアナ沖海戦を控えて、訓練は不如意《ふにょい》？」

阿「訓練の正味は内地での一ヵ月あまりだけです。訓練用の燃料がないし、整備も充分に行き届かない。戦闘機、艦攻との合同訓練、空戦訓練はできず、不可欠の降爆訓練すら、したかしないかといった程度。油があるからと、フィリピンとボルネオのあいだのタウイタウイ〔島の泊地〕へ行ったら、ナマの風が吹かず、『隼鷹』の『彗星』は一度も発艦できませんでした。〔滑走距離が短い〕九九艦爆なら大丈夫、高速航行できて甲板が長い『瑞鶴』や『大鳳』の『彗星』も上がれたから、全艦爆隊のうち私の『彗星』分隊だけが四〇日間、飛行訓練ゼロのままだった。私にしてもこれほどのブランクは、飛行学生になって以来の六年間で初めてです」

19年4月、岩国基地で「隼鷹」艦爆隊の下士官搭乗員と新品の「彗星」一一型の機首。小瀬本國雄上飛曹が手前の中央に座る。

筆「それだけ飛ばないと、身体が飛行作業に順応しないでしょう？」

阿「そのとおり。六月十九日の出撃が『彗星』での初発艦で、ペアの偵

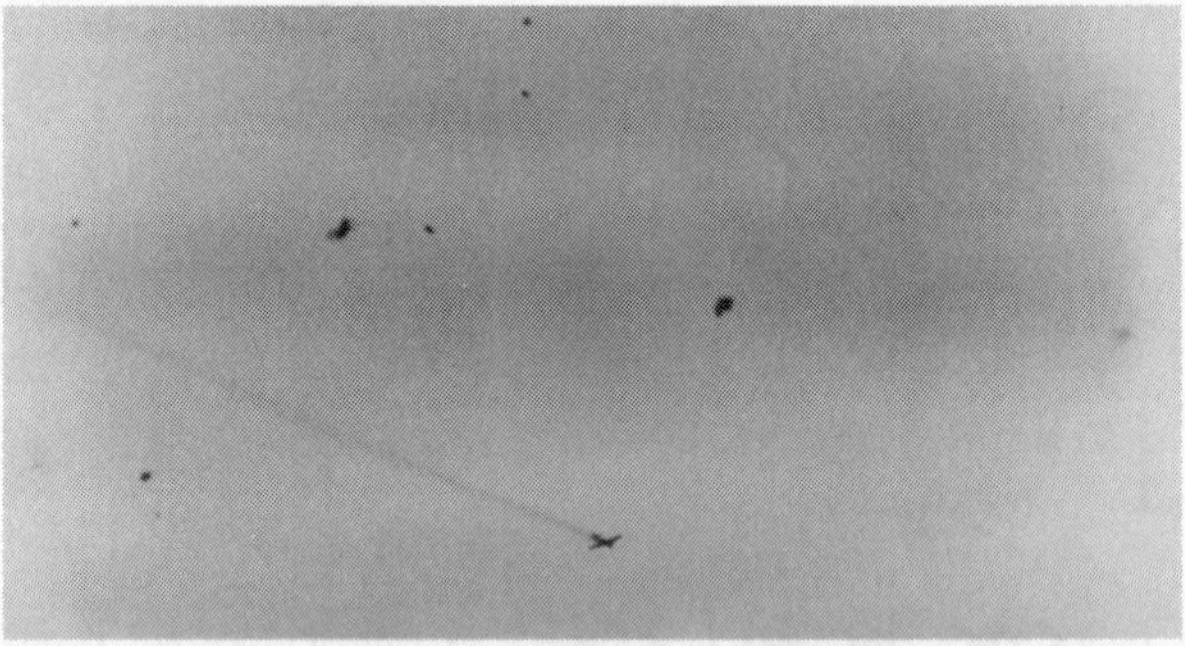

6月19日のマリアナ沖海戦で被弾した「彗星」が煙の尾を引いて落ちていく。

察員、乙飛予科練出身のベテランの中島〔米吉〕少尉が後ろから伝声管でなにか言ってくる。いつもなら聞き取れる声が、ガーガーワーワー響いて分からない。訓練をやっていないので伝声管の会話をしておらず、耳がなじまないのです。久しぶりの操縦、それも飛行時数の少ない『彗星』だから、自分が操縦している気がしないんですね。どうも尻が落ち着かない。

整備員も、訓練で飛んでみて初めて不良箇所が分かる。格納庫に置いたままでは完備は無理で、小瀬本君（小瀬本國雄上飛曹）と岩井君（岩井滉三《こうぞう》大尉）の二機は脚が入らず引き返しました」

筆「六五二空の戦闘機隊の香取穎男《ひでお》さんは、十九日に阿部さんたちよりひと足早く、二航戦の第一次攻撃で『飛鷹』から発艦し、爆装零戦の戦爆隊を掩護しました。以前、取材のおり『初陣の自分も含め技倆水準は米側とはっきり差があり、マリアナの七面鳥撃ち《ターキーシュート》と揶揄《やゆ》されても仕方がなかった』と話されましたが、この点はいかがで

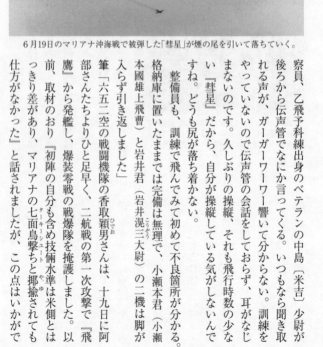

すか」

阿「私もそう思います。あ号作戦の搭乗員の平均術力は本当に低かった。こちらが弱くなり、相手が強くなっているのですから、ターキーシュートをやられるはずです。敵機が飛んでこられない四〇〇浬《かいり》（七四〇キロ）遠方から米機動部隊を叩くアウトレンジ戦法は、搭乗員の負担の限界を大きく超えていました。危険を承知で二〇〇海里まで近づくべきだった。

二時間あまり飛んで会敵予想地点を索敵したが、見当たらないのでグアム島に降りようと思ったとき、中島少尉が敵艦隊を発見しました。充分な態勢じゃないけれども、とにかく空母に降爆をかけて離脱したところを、グラマン（F6F）にかかられた。

あちこちの断雲に突っこんでなんとか逃れ、ロタ島の滑走路に降りたんです。着陸したのは私の機だけだった。このとき、エンジンをいっぱいに吹かし機動してグラマンを引き離せたのも、『彗星』だったからでしょう。このあとロタから出られず、艦爆操縦は五年三ヵ月で終わりました」

筆「九隻対一五隻、空前でおそらく絶後の規模の空母決戦になったマリアナ沖海戦を、どうお考えですか」

阿「自分たちの戦力、術力を希望的観測で過信し、敵の力量を過小評価しての完敗ですね。準備期間もあまりにも短く、与えられた役目を艦爆隊がこなせなかったのは当然だと思います」

〔有馬敬一《けいいち》さん〕

筆者「飛行学生の操縦と偵察は、上からの指名で決まるんですか」

有馬「中練（中間練習機）教程のあいだに希望をとられました。操縦は兵から士官まで皆やるけれども、総体的な判断が必要な偵察は士官がやるのが自然だし、将来指揮官になったとき偵察のほうが有効、と思って選んだのです。陸上班の偵察専修は一〇名いたが、希望したのは私を含めて三人ほどだった。中練の操縦は単独飛行までやりました。このあと横空（横須賀航空隊）で半年間、座学が主体の偵察学生。艦爆に初めて搭乗したのは、分隊士として勤務した実施部隊の佐伯空です」

筆「急降下のさい、後ろの偵察席は操縦席よりつらいでしょうね」

有「九四艦爆は複操縦装置付きなので、飛行隊長に頼んで前席で操縦をやらせてもらい、自分で四〇度近い降爆にも入れました。後席に座ったときは五〇度以上が多く、垂直降下の感じです。引き起こし時のブラックアウトは、暗くなることは体質的にほとんどなかったが、前席よりも後席がきついですね。

半年で十二空（第十二航空隊）に転勤して、支那事変（日華事変）たけなわの漢口へ着任した。中尉の分隊士として、すぐに九六艦爆で作戦飛行です。陸軍から『部落に便衣隊（民間人の服装の兵）がいるから叩いてくれ』といった依頼が来て、週に二～三回は出撃です。

爆弾はたいてい六番（六〇キロ）二発。揚子江上流で物資輸送の船舶の爆撃もやりました。二十五番を使う場合、六番は付けません。急降下に入るときは前方を向き、座席の前の電信機にぶつからないように、取っ手をつかんで足をつっぱる」

筆「気分が悪くなりませんか」

有「吐き気をもよおす者もいましたが、私はそれはなかった。時化《しけ》の船上でも酔わない体質《たち》なんです。軍医が希望したので乗せてやったら、完全にグロッギーになってしまった。引き起こしで六〜七Gかかるときもあるのに、弱音《よわね》を吐く偵察員を見たことがありません」

筆「九九艦爆への機種改変は漢口で？」

有「そう、昭和十四年の中ごろでした。内地からインストラクターが来て教えてくれた。九九艦爆も操縦し、ひととおりの機動をやってみて、九六とはだいぶ違うのを実感しました。偵察席も新しい造りで、風防が閉まるから〔風圧で疲れず〕楽でした。高度を高くとれるのも有利だった。零戦が参戦したあとに重慶へ二回、宜昌《ぎしょう》で燃弾（燃料と爆弾）を積んで爆撃に行きました。零戦を恐れて敵機は出てこず、邀撃《ようげき》は高角砲だけ。投弾目標は軍事施設に限っていました」

有馬敬一中尉。望んで専修の偵察術のほか、無線機の送受信にも手腕を発揮した。

筆「そのころの十二空は戦闘機が主力ですが、艦爆隊

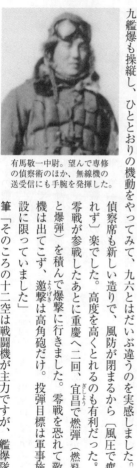

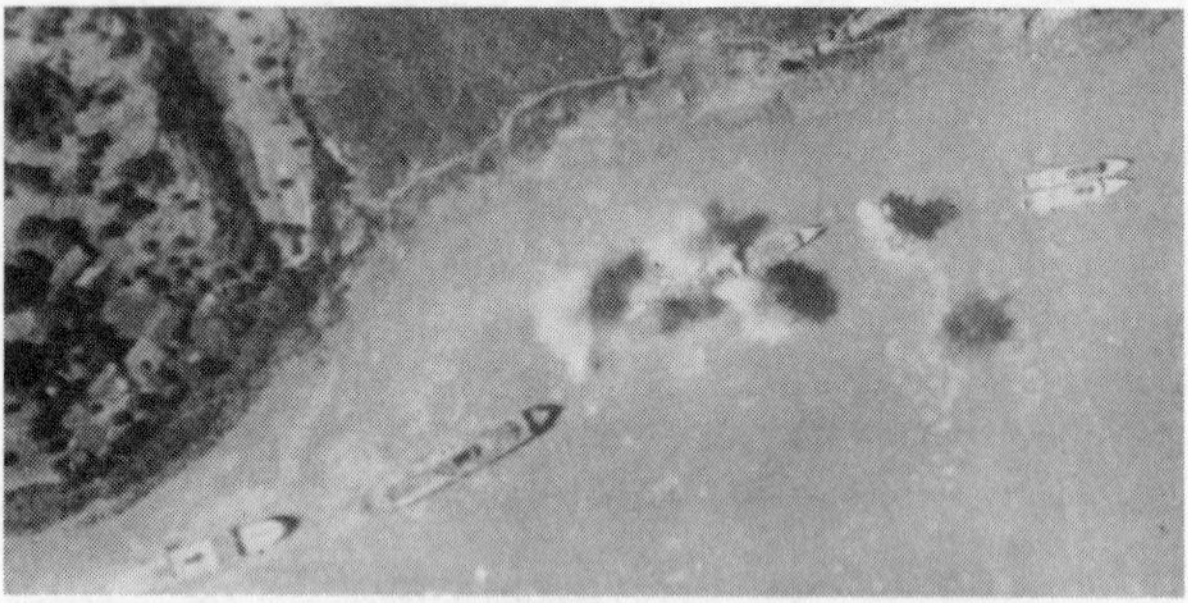
揚子江河岸に停泊する輸送船舶を、第十二航空隊の九六艦爆が攻撃する。

の戦力は？」

有「一個分隊。常用九機と補用が三機。出撃は最大九機まで。陸戦協力のときは三機ほどの場合が多い。陸軍兵は急降下する艦爆を見て『逆立ち飛行機』と呼んでいましたよ。それから『蒼龍』へ転勤し、長いあいだではなかったが艦爆隊の分隊士でした」

筆「開戦時はどこの部隊でしたか」

有「鈴空（鈴鹿航空隊）です。教官兼分隊長で前後一年くらいいて、ミッドウェー海戦後まもなく『翔鶴』艦爆隊の分隊長に転勤。飛行隊長の関衛《まもる》少佐の下に分隊長が三人いて、私が先任なので一中隊長（中隊は飛行時の便宜上の区分）を務めた。関さんは温厚篤実《とくじつ》とは言いにくいけれども、隊をよく掌握していて、偵察のことに関しては私に任せっきりでした。前に乗っていた『蒼龍』のときもそうだったが、『翔鶴』はより大型なので、艦内を覚えるのにしばらくかかりました」

筆「幹部ですから、腕利きの古田（清人）一飛曹がペアになったんですね」

有「すぐに決まりました。古田君の技倆は抜群で申し分なく、絶対にあわてたりしない肝の据《す》わった性格でした。分隊長機は尾翼の番号の下に、白だったかな、帯を一本付けた。隊長機は上下に一本ずつの二本です。どちらも固有機」

トラック諸島・竹島の滑走路わきに設けた駐機場に「翔鶴」または「瑞鶴」の搭載機が列線を敷く。中央の３機が九九艦爆一一型、ほかは九七艦攻一二型。母艦は沖合に碇泊している。

筆「古田さんも『総隊長（飛行隊長）の関少佐といっしょに有馬大尉が〔「翔鶴」に〕乗ってきた。穏やかないい分隊長で、航法の優れた腕前をまったく信頼していた』と語ってくれました」

有「指揮官の要件は、皆をどう引っ張っていくかにあります。洋上は推測航法一本。偏流測定器で風向、風速を計り、高度計、速度計のデータを修正し算入する。もちろん乗機の針路、速度の変化も織りこまなきゃならない。それで許容最大誤差は五パーセント。自信がなければとてもできません」

筆「昭和十七年八月二十四日、ガダルカナル島を巡る日米正規空母二隻対二隻の、第二次ソロモン海戦は激戦でしたか」

有「敵機動部隊発見の報告が届かずイライラ気味のところへ、ようやく電報が入り『搭乗員は作戦室に集合』がかかりました。準備ができ次第てんでに搭乗し、まず戦闘機、次に艦爆が発艦する。一中隊長の私の機は、関少佐の指揮官小隊三機に続く四番目です。〔飛行甲板のわきの〕ポケットや艦橋の下で皆が帽子を振るのを見て、空母からは初陣ですが『いよいよ最期かも』と観念しました。

母艦の上空で旋回しつつ編隊を組んで、目標地点へ進撃する。見張りながら白図にコースを描き入れ、電信に取り組みます。高度八〇〇〇メートルを飛んで輪型陣を発見したとき、突入への思いが胸に迫りました。六〇〇〇メートルまで高度を下げ、35ミリの映写機で二〇秒ほど撮影してから、空母に向かって一本棒でダイブに入った。敵の射撃が激しくなったのはこのあたりからです。曳跟弾《えいこんだん》が周りをすり抜ける。ときどきガラガランと被弾の音がします。

投弾するまでの時間が長い感じですね。二十五番を投下して、そのままやや左寄りに、できるだけ低く、高度七〜八メートルで駆逐艦の艦首《バウ》をかすめて離脱した。ダイブに入るときは単縦陣でも、離脱はバラバラです。振り返って見て、このときの爆弾は外れたように思います。しかし、他機の着弾の黒煙が上がるのが見えました」

筆「攻撃した敵空母は『エンタープライズ』ですね。敵戦闘機は向かってきましたか」

第二次ソロモン海戦で飛行甲板を破壊され、艦尾にも被弾した米空母「エンタープライズ」。1942年（昭和17年）８月24日。

有「来ましたよ。爆撃後、一中隊九機のうち二機だけがついてきた。一中隊は戦闘機を収容して連れ帰る役目です。高度一〇〇〇メートルで集合の目印に、アルミ粉が海面に広がる目標弾を〔席内から〕四～五発落とし、待っていると、かなたに小型機が三～四機見えます。零戦がやっと来たか、と接近したらグラマンF４F。『敵機だ！』と古田君に伝え、左へ逃げると、数百メートルの距離から撃ってきた。私も旋回機銃で応戦し、一弾倉を撃ちつくしたが、敵に当たらなくてよかったですよ。もし被弾したら意地になって追ってきたでしょう。古田君が沈みかかる太陽へ機首を向け、逆光で見えにくくすると、グラマンは引き返していった。さいわい列機も無事でした」

筆「こんな状況では、母艦へもどるのは大変だったでしょうね」

有「逆算で帰途の航法をやってみても、空母が動いた（移動した）データを通報してこないため、的確なコースをとれません。やがて月の光に浮かび出た〔戦艦〕『比叡』の上空を通ったが、その後方にいるはずの母艦が見当たらない。やむなく最後の手段で、外へ外へと渦《うず》を巻いていく渦巻き捜索を決行したら、何周目かに探照灯の光がチラッと見えた。三機でそちらへ飛んで行き、〔無線封止なので〕オルジス発光信号で連絡しました。

夜間着艦はこのころは皆やれたんです。まして古田君の腕なら、なんの問題もありません。降りた空母は〔搭乗艦の〕『翔鶴』。燃料がギリギリで、降りてまもなくペラが止まった。一機は近くに着水し、搭乗員は助かりました。危険を承知で数秒間、艦長（同姓の有馬正文大佐）が探照灯を点《つ》けてくれたことを、あとで知りました。収容できなかった零戦は、先に帰っていましたよ」

筆「『翔鶴』艦爆隊一八機のうち、対空砲火と戦闘機により一〇機が撃墜され、搭乗員二〇名は全員戦死。ほかに海没一機と被弾が四機。艦爆の戦いのすさまじさが分かります」

有「隊員があまりにも少なくなってしまい、ショックを受けました。下士官の搭乗員室もガラガラです。私の機も主翼は穴だらけ、被弾がひどいので以後は使用不能でした」

筆「二ヵ月後の十月二十六日の南太平洋海戦は、四隻対二隻と空母の数では日本側が上まわりましたが？」

有「ソロモン海戦の戦死者を内地で補充して、搭乗員は全体に少し若くなったが、まだ技倆に余裕がありました。このときも索敵機が敵を見つけるまでに間があって、作戦室、通信室

10月26日の南太平洋海戦で、第16任務部隊の上空に濃い対空弾幕を張り、接近する日本機の攻撃をはばんだ。左遠方の空母は「エンタープライズ」。

をのぞいていた。〔一航戦の〕第二次攻撃隊の指揮官は関少佐、艦爆分隊長が私なのは前と同じです。

進撃中、零戦が上空でカバーしているのが見えていました。敵の輪型陣の弾幕は第二次ソロモン海戦よりも、はるかにすごかった。空母も対空火器を増やしていたんでしょう、〔弾丸、弾片が〕当たる音が相次いだ。後席でも弾幕のすごさがはっきり分かりました。

やはり単縦陣で突入です。と言っても、小隊ごとに多少のズレはあります。まもなく投弾にかかるあたりが、被弾の可能性がいちばん高い。すぐ前を飛ぶ関さんの機が発火し、たちまち炎に包まれた。どうすることもできません。

高度を読み、『よーい、テーッ』を伝声管で伝えると、古田君が二十五番を放つ。引き起こして、首をひねって後方を見たら、自弾と思われる爆煙が甲板から噴き上がっており、すぐ前席に『命中！』と言いました」

筆「この空母は、スコールに隠れて第一次攻撃を逃れていた『エンタープライズ』ですね。第二次ソロモン海戦以来の再会とは！」

有「低空飛行で輪型陣を抜けたあとも、グラマンとは会敵しなかった。こんどは戦闘機収容の任務はなく、艦爆だけで五機くらいがまとまって帰りました。『翔鶴』は被爆して、甲板中央部付近に大穴が開いている。こりゃだめだと、オルジスだったか電信だったかで『瑞鶴ニ行ク』と伝えました。

『瑞鶴』は無傷で、ちゃんと寝場所を用意してもらえましたよ。ところが『翔鶴』では、私の機が『瑞鶴』に降りたのを知らず、この日のうちは古田君と未帰還扱いになっていた」

筆「この第二次出撃でも『翔鶴』艦爆隊は、ソロモン海戦のときと同じく、出撃機の半数をこえる一〇機、二〇名を失いました」

有「隊長がやられたし、大きな損害でした。私の機も被弾状態がひどくて、第三次攻撃に出られませんでした」

筆「空母勤務はここまでですか」

有「ええ。『瑞鶴』に乗ったまま内地に帰り、そのあとの一年近くは宇佐空分隊長です。飛行学生、飛行予備学生、甲飛予科練（出身の飛行練習生）を担当した」

筆「宇佐空在隊中の昭和十八年四月に、九六式空三号無線電信機電路模型によって、技術者有効表彰を受けておいでですが？」

有「縦三メートル、横七〜八メートルの板の図に、色違いの電球を数百個付けて、無線機の電流の流れをひと目で分かるようにした、練習生用の教材を作ったんです。有効表彰というのはこのときが最初で、十数名がいろいろな考案で表彰を受けました。

そのあと横空で、航空通信の特修科学生として自学自習。戦訓収集のためラバウルやカビエン、ブインへ行き、参考書を作って各部隊に配ったりもした。続いて横空の飛行隊長兼教官を命じられ、そのまま終戦です。私の第六飛行隊は、通信とレーダーを受け持ちました」

筆「九九艦爆で戦っていたころ、どんな思いでしたか」

有「いつか戦死するものと覚悟していました」

敵艦隊への最後の攻撃
——空冷「彗星」が米主力艦に迫った

午前零時にソ連軍が満州国境を破り、午前十一時には第二の原子爆弾が長崎に投下された昭和二十年（一九四五年）八月九日は、日本の継戦意志を打ち砕いた決定的な日だった。この二つの衝撃により、降伏はもはや避けられない現実として、受諾の方向へ拍車がかかった。

航空兵力も総体的に見れば、ほぼ壊滅状態にあった。実用機の基本的な飛行がやっとできる搭乗員を、重い爆弾をくくりつけた練習機に乗せて送り出す特攻戦法を、誰も異常に思わなくなっていた。

まさしく断末魔のこのときに、本州沿岸部を平然と航行する敵機動部隊に対し、最終型の「彗星《すいせい》」艦上爆撃機を駆って正攻法の対決を挑んだ飛行隊が存在した。

海軍艦爆隊の誕生から一一年。対艦攻撃に主眼を置き続けたその終焉《しゅうえん》の戦いは、どのように展開されたのか。

水冷型と空冷型と

「日本一の名機。こんないい飛行機はない」
丙飛予科練習生・特十四期から飛行練習生教程へ進み、台湾の台南航空隊で実用機の延長教育を終えた阿知波《あちは》延夫上飛（上等飛行兵）は、昭和十九年二月に横須賀空の艦爆隊に着任。まもなく操縦訓練を始めた「彗星」一一《いちいち》型に感じ入って、この最大級の賛辞をささげた。台南空で長らく乗っていたのが複葉の旧式機・九六式艦上爆撃機だから、性能差に驚くのは当然だ。それと、水冷エンジン「熱田《あつた》」一二型を装備する、形の美しさに魅了された。

七月、横空の艦爆隊員を主体に編成された攻撃第五飛行隊に転勤する。「彗星」装備の攻五は同時に第七五二《ななごおふた》航空隊の指揮下に編入され、昭和十九年十月中旬の台湾沖航空戦とそれに続くフィリピン決戦に加わって、進出戦力はほぼ全滅の苦汁を呑む。

フィリピン進出メンバーに選ばれ、台湾沖航空戦の索敵にも出た阿知波飛長（五月に進級）は、機材受領でいったん愛知県挙母《ころも》の愛知航空機にもどった。「彗星」一二《いちにい》型をもらって鹿児島県の第一国分基地へ。さらにフィリピンへ向けて離陸ののち、エンジン不調で胴体着陸し、重い火傷《やけど》と負傷をこうむった。

入院と温泉療養の三ヵ月半を終え、千葉県北部の香取基地にいた第一三一《いちさんいち》航空隊の艦爆隊に転勤。それからわずか半月ほどのうちに、彼はまたしても転勤命令を受ける。その部隊が、愛媛県松山基地から昭和二十年二月十二日に香取に引っ越してきた、新編直後の攻撃第一飛行隊だった。

第六〇一《ろくまるいち》航空隊指揮下の攻一（K1と略記するところから隊員たちは「ケイワン」と呼んだ）の装備機は、空冷の「金星《きんせい》」エンジンに換装した「彗星」三三《さんさん》型。水冷（液冷）「彗星」にぞっこんの阿知波二飛曹（十一月に進級）をがっかりさせた。

昭和19年（1944年）の夏、千葉県香取基地のエプロンに置かれた第七五二航空隊・攻撃第五飛行隊の「彗星」一二型と搭乗員。液冷機特有のスマートにまとまった機首だ。

スマートな水冷「彗星」になじんだ者の落胆は分かるが、機材完備をめざす整備員の反応は逆だった。二種の「彗星」をメカニズム面から公平に評価できる人物が、攻一編成時の基幹員に選ばれた宮下八郎上整曹だ。

入隊二年後の昭和十二年初めに兵科から第三十八期普通整備術練習生へ転進し、日華事変中の十三空、ついで木更津空で九六式陸上攻撃機、空母「赤城」および「翔鶴」に乗り組んで九九式艦上爆撃機の、それぞれ「金星」エンジン各型を扱った。真珠湾攻撃から

百里原基地で敗戦を迎えた「彗星」三三型。六〇一空・攻撃第一飛行隊の保有機で、液冷エンジン機にくらべて武骨だが、可動率は格段に向上した。

「ろ」号作戦まで、つねに実戦下での整備作業である。

昭和十八年末に横須賀にもどり、横空で水冷「熱田」エンジンの講習を技師から受ける。一週間ほど受講しての宮下上整曹の感想は「取りたてて難しくはない。覚えるまで時間はかかるだろうが」だった。

複雑な機構の「熱田」エンジンの整備術を身につけた上整曹は、六〇一空へ転勤。「瑞鶴」に乗艦し、先任下士官の役をこなしていく。整備員たちも徐々に扱いなれていき、エンジン技術者の応援もあって、訓練に困らないだけの可動機数はそろえられた。整備してもなお不調なら、エンジンを航空廠へ返納してしまう方式だ。問題はむしろ、電気駆動の主脚など機体関係に生じた。

あ号作戦に敗れたのち、宮下上整曹は練習航空隊での教員生活をへて、二十年二月に攻一に着任。ふたたび見《まみ》えた「彗星」は「金星」を付けていた。

九六陸攻と九九艦爆で「金星」三型、四〇～五〇型シリーズを熟知した彼にとって、二速過給器やメタノール噴射装置、急降下対応の重力弁が付いた「金星」六二型も、たちまち把握できた。機体については、新たに学ぶところはない。急降下をやるため整備員が試飛行の同乗をいやがるのを、平気で乗って「テスト飛行係」と呼ばれたほどの宮下上整曹は、「彗星」三三型の後席にもなんどか座って飛んだ。「扱いやすく、故障が少ない。整備の立場からは、水冷よりも空冷『彗星』のほうがいい」と、彼はこの新機材を歓迎した。

国分基地へ進出

九九艦爆による実用機教程を宇佐空で終え、台南空で教官を務めていた、兵学校七十一期出身の渡辺清規《せいき》中尉は、大尉進級後まもない昭和十九年十二月のうちに第三航空艦隊付の辞令が出た。台南空の九九艦爆を宇佐空へ空輸する任務を兼ねて内地に帰還し、千葉県木更津基地に着任して数日を待つ。

伝えられた新しい職名は、七二一《ななふたいち》空の艦爆隊分隊長。特攻機「桜花」の使用で知られる七二一空は、この時点で陸攻二個、零戦一個の各特設飛行隊を指揮下に持っていた。ここへ艦爆隊を加える予定という話だ。

当初は「『神雷《じんらい》』（「桜花」）に乗るのか」と思った渡辺大尉は、茨城県神ノ池《こうのいけ》基地で「彗星」三三型の操訓を開始。翼面荷重が大きいため失速が早く、不意自転に陥りやすい難点はあるものの、九九艦爆をしのぐ速度と操縦性を気に入った。

慣熟飛行を終え、愛知航空機からの完成機空輸も担当。空冷「彗星」にも動力関係の事故は起こり、離陸時にプロペラ・ピッチ変更用の調速器《ガバナー》に故障を生じて、ひっくり返った機や、渡辺大尉の操縦時に気筒が割れてエンジンが焼き付いた機などがあった。

隊員が逐次集まり、「彗星」も十数機に増えていく。この間、七二一空主力は九州に移動し、艦爆隊を含む残留者は二月十五日付で開隊の七二二《ななふたふた》空に編入された。しかし三月下旬、渡辺大尉を筆頭に、第十三期飛行予備学生出身の高臣《たかとみ》亮祥中尉、同十三期の島田忠裕中尉ら搭乗員一八名と整備員は、そっくり攻一へ転勤する。「桜花」の部隊にとって、艦爆隊はやはり異質な存在だったためだろう。

千葉県香取から茨城県百里原《ひやくりがはら》へ基地を移していた攻一に、彼らが着任して数日後の三月二十八日、六〇一空指揮下の四個飛行隊は沖縄戦に加わるべく南九州への進出にかかった。爆装・全弾装備の「彗星」の試運転中に、誤射から爆発事故が起き、一六名が殉職。危険を教えるため敢然と駆けつけた第三分隊長の渡辺大尉も、巻きぞえを食って火傷を負った。

攻一の「彗星」は四月三日、第一国分基地から一九機が機動部隊攻撃に初出動。七日には飛行隊長・国安昇大尉の指揮で、一一機が空母攻撃に向かい、徳之島〜沖永良部島の東方洋上で、第29戦闘飛行隊のF6F「ヘルキャット」と第83戦闘爆撃飛行隊のF4U「コルセア」に襲われて、全機とも未帰還。このため、進出戦力の大半を失った。

同じ基地で作戦し、やはり大半が戦死する二一〇空艦爆隊の、予備員だった乙飛予科練十八期出身の偵察員・鏑流馬一《やぶさめいち》二《じ》二飛曹は、国安大尉らの出撃を見送った。発進直前、池田栄吉一飛曹機の後席から同期の清水雅春二飛曹が降りてきて、「おい、〔あとを〕頼むぞ」と最後の言葉を鏑流馬二飛曹に言い残した。

少数の二一〇空残存隊員とともに根拠基地の愛知県明治に帰った鏑流馬二飛曹に、攻一への転勤通知が来ており、同期の近藤運《はこぶ》二飛曹、甲飛予科練十三期の泉川白二飛曹と百里原へ赴任した。

百里原で彼らは、八十番（八〇〇キロ）爆弾を積める「彗星」四三《よんさん》型を見た。本来、単座用に作った機なので、偵察員が乗るときは安直な座席を追加する。防御用の旋回機銃もない。最後部の風防はジュラルミン外板に変わったため視野も悪く、「三三型より乗り心地が悪い」と鏑流馬二飛曹を嘆かせた。

乗り心地の悪さは操縦員にとっても同様だ。胴下の切り欠き部に火薬式噴進器を付けた機を、横空から空輸した渡辺人尉は、飛行特性の低下、舵の効きの悪さに驚き、丸太に乗るような不安定を感じた。噴進器は以後、一度も使われなかった。

五月四日、第二次進出の「彗星」二〇機が第二国分基地へ向かう。指揮官の渡辺大尉は完治しない身体を押し上げてもらい、操縦席に入った。

七日後、暁暗《ぎょうあん》時の出撃のさいに起きた爆発事故で一九機もが失われた。空輸により再び機

上：六〇一空・攻一の「彗星」四三型が百里基地のはずれで整備を受ける。胴体下面、爆弾倉の後ろの切り欠きがこの特攻機型の特徴。下：四三型の切り欠き部に装備された離陸促進用の噴進器3本。各700キロの推力を3秒間維持し、八十番（800キロ）爆弾を積んだ過荷重に対応する。

数をそろえたが、出撃の好機を得られず、六月下旬の沖縄航空決戦・天号作戦終結ののちに、百里原基地に帰還した。

最大の敵を求めて

機材を分散、カムフラージュし、関東上空に侵入するP－51D「マスタング」戦闘機と艦上機の跳梁《ちょうりょう》に耐えて、七月はすぎた。開隊このかた定数四八機（常用三二機、補用一六機）の攻一は、あちこちから「彗星」を集めて、六個分隊、保有八〇～九〇機にまで膨《ふく》れ上がっていた。六名の分隊長の内訳は、兵学校六十九期と七十期が各一名で、両分隊の任務は夜間攻撃、七十一期が四名いて、これら四個分隊は昼間強襲用とされていた。当直はこの四個分隊の輪番という決まりだった。

八月九日の午前七時すぎ、三航艦司令部から六〇一空に、攻一の一二機の出動準備が命じられた。二時間前に金華山（宮城県牡鹿《おが》半島先端の島）の東南東一四〇キロにいると無線測定された、敵機動部隊に対する攻撃戦力としてである。

このとき六〇一空司令部は三重県の鈴鹿基地に移っており、鈴鹿から百里原に刻々と電信の指令が送られてきた。午後一時二十五分発信「予定飛行機、速《スミヤ》カニ南方ヨリ索敵攻撃セヨ。攻撃範囲、金華山ノ九〇度、七〇浬《かいり》ノ三〇浬圏内」

三個小隊・一二機の搭乗割は、当直の渡辺大尉の第三分隊によって組まれ、第三急襲隊と

8月9日の午後、日本製鐵・釜石製鉄所に向けて主砲から16インチ（40センチ）砲弾を撃ち出す米戦艦「マサチューセッツ」。手前は同型艦・戦艦「インディアナ」の艦尾。

称した。搭乗員の多くが、第二国分基地で出撃待機した面々だった。

渡辺大尉直率の第一小隊（第一攻撃隊）機は百里原基地を基点に八〇度、一六〇浬（三〇〇キロ）進出したのち、三四〇度に変針し一二〇浬（二二〇キロ）飛ぶ。北村久吉中尉指揮の第二小隊（第二攻撃隊）、榊原靖中尉指揮の第三小隊（第三攻撃隊）も針路は同じで、進出距離がそれぞれ一八〇浬（三三〇キロ）と一二〇浬、二〇〇浬（三七〇キロ）と八〇浬（一五〇キロ）に予定された。つまり各小隊とも、仙台湾外から牡鹿半島東方海域を索敵するのだ。

土浦空の予科練生にも手伝わせて林の中に作った隠蔽《いんぺい》格納場から、「彗星」が次々に引き出される。兵器員が取りついて、三三型には五十番、四三型には八十番を搭載した。整備員による燃料注入も終わった。

五月に進級、分隊士に昇格した宮下整曹長は、整備の指示を与える合間に、壮行を記録するため数コマのシャッターを切った。

午後二時十分、まず一小隊四機が発進を開始。一〇分あまりして二小隊の三機と三小隊の四機があいついで滑走を始め、トラブルがあったのか出遅れた二小隊三番機の遠藤良三上飛曹―増岡輝彦一飛曹ペアが、二時四十八分にしんがりで離陸に移る。

地上員も残留搭乗員も、帽子を打ち振って出撃を見送った。上空掩護の戦闘機と猛烈な弾幕が待ち受ける機動部隊攻撃は、生還を期し難い。後席の同期生たちを送りながら鏑流馬一飛曹（一飛曹以下の搭乗員はほとんどが五月に進級）は「自分もすぐに死地へ向かう」という覚悟があった。

三個小隊の戦い

渡辺大尉が操縦する一小隊一番機、三三型の後席は、兵学校が二期後輩の島村周二中尉。兵学校出身者同士のペアは珍しい。

発進から四〇分たったころ、鈴木実上飛曹―森本義則一飛曹の四番機がエンジン不調のため引き返した。この「彗星」は阿武隈高地に沿って北上し、福島県の磐城《いわき》陸軍飛行場に降着する。また田中幸二中尉―万善《まんぜん》東一一飛曹の三番機は、連絡がないまま未帰還とされた。

午後三時すぎに東進の一六〇浬を飛んで先端に達した渡辺機は、予定どおり北北西方向へ変針して間もなく、東方海面に駆逐艦らしい三～四隻を視認。小型艦では相手に不足と考えてやりすごす。

8月中旬の攻一・第三分隊員。前列左から不詳、近藤運一飛曹、林山次郎二飛曹、不詳。後列左から布家好男一飛曹、竹田秋津一飛曹、島村周二中尉、分隊長・渡辺清規大尉、不詳、阿知波延夫一飛曹。皆、出動経験者だ。

戦闘隊形で長機から離れて飛んでいたのが阿知波一飛曹―竹田秋津《あきつ》一飛曹の四三型三三号機。彼らもこの駆逐艦群を見つけた。

竹田一飛曹は甲飛十二期の出身。飛練を終え、二一〇空で錬成ののち、夏に入って同期の偵察員たちと攻一に着任した。したがって、今回の搭乗割に入った二三名（一機は単座）のうち、攻一付の期間が最も短い。もとよりこの日が初陣だが、戦死を予感したり恐れたりはせず、かといって特に気負いもなかった。

間隔を保ったまま飛ぶ二機は一五分後の三時二十五分、東進する艦影を右手に見つけた。巡洋艦四隻らしい。

渡辺大尉は五〇〇〇メートルの高度を、降爆に入る三〇〇〇メートルまで下げながら接敵する。このとき、阿知波一飛曹の機が間合《まあい》を詰めてきた。

だが、目標が駆逐艦のようにも感じられて大尉は投弾をやめ、高度を取り直した。「空母をめざすのが暗黙の了解になっていた」と竹田さんは回想する。

８月９日の出撃がしのばれる７月末の攻一最後の訓練飛行。渡辺大尉―島村中尉機が遠方の先頭を飛ぶ。手前は板橋泰夫上飛曹―北村久吉中尉機。

空母を求めて渡辺―島村機は予定コースを飛び続け、かなたに敵編隊を認めて、いざとなれば降下で離脱できるよう八〇〇〇メートルへ上昇。敵機には気づかれずにすんだ。コースを消化後に渦巻き状の索敵飛行を最大限に実施したが敵影は現われず、燃料不足のため、福島県沿岸部で磐木飛行場より北に位置する原町《はらのまち》陸軍飛行場へ向かった。

艦上機が暴れまわる状況下では、飛行場の陸軍兵は興奮しているだろう。味方撃ちをこうむらないよう、渡辺大尉は主脚を出して旋回し、さらに洋上へもどって敵機の不在を確認ののちに着陸態勢をとった。きわめて適切かつ冷静な処置と言えよう。

長機と別れた阿知波一飛曹は、敵艦隊主力はもっと北の釜石沖と判断。重い八十番のため機動が緩慢《かんまん》な「彗星」を操って、帰投コースを外れて北上するうちに午後三時五十分、戦艦七隻、巡洋艦一五隻、駆逐艦二五隻（竹田一飛曹のメモによる）からなる主敵を見つけた。

上空を一周して目標を決め、降爆にかかろうとするころ、機首部から漏れ始めた油が風防を黒く汚した。横から見当をつけて急降下に入れたとき、いきなり猛烈な弾幕が張られた。まさしく弾雨を突いて「彗星」は目標艦へ突進する。

高度計を読む竹田一飛曹から、「テッ！」の声が出た。投下ボタンをグイと押す阿知波一飛曹。だが、爆弾が落ちない。敵艦隊のまん中、海面近くに降下し、敵弾を振りきって離脱した。

機の後方、一面に広がる煙の壁をいぶかった竹田一飛曹がたずねる。「後ろの煙はなんですか」「あれは弾幕だよ」

「爆弾《タマ》が落ちないから、やり直す」と機長の阿知波一飛曹はUターン。だが投弾モードのままだったため、八十番は途中で機から離れ、海に落ちてしまった(竹田さんは降爆を二回試したのち離脱したように記憶する)。

攻撃を受けて燃える釜石市の上空まで飛んでから、百里原へ行くだけの燃料はないため、岩手県南部の金ヶ崎陸軍飛行場へ。できたての草地の飛行場で、農道状の部分に着陸し、初めて降りた機の搭乗員として陸軍と村民から歓待を受けた。

第一小隊から一〇分あまりたって発進した二小隊は、板橋泰夫上飛曹―北村中尉の一番機と、遠山明上飛曹―渋谷文男二飛曹の二番機が未帰還。三番機・遠藤良三上飛曹―増岡輝彦一飛曹ペアは敵艦隊の位置を打電後、消息を絶った。四番機・布家《ふけ》好雄一飛曹―林《はやし》山次郎二飛曹ペアはエンジン故障で引き返した。

二小隊機に続いて上がった三小隊長・榊原中尉―岩部敬次郎一飛曹機は、敵機発見を報じたのち連絡がなく、二番機の原嶋久仁信二飛曹―原田敏夫一飛曹機は「ワレ敵艦隊ニ突入中」の電報を残して帰らなかった。

8月9日の午後2時すぎ、搭乗し発進の合図を待つ第三分隊の「彗星」四三型。全長2.8メートルの八十番(800キロ爆弾)の弾体が胴体爆弾倉から大きくはみ出している。

　この時間帯の米側撃墜戦果は、空母「ベニントン」から発艦した第1戦闘爆撃飛行隊のF4U戦闘機二機による「彗星《ジュディ》」一機だけだ。これが攻一の所属なのは明白で、榊原機のように思われる。

　南喜市一飛曹と近藤運一飛曹が乗り組む三四号機は、爆弾が腹の下にはみ出していた、と近藤さんが覚えているところから、四三型と決めていいだろう。阿知波―竹田ペアと同様に、階級は同じでも出身、キャリアが異なる。南一飛曹は丙飛予科練出で操縦技倆が高く、国分へ一次進出して、四月六日の攻撃では戦艦への直撃弾を報じた。

既述のとおり乙飛十八期の近藤一飛曹は、今回が初陣だ。出撃時「もう終わりだ」との考えが脳裏をよぎったが、偵察席に乗りこんだとたん、任務遂行に向けて全神経が集中した。

南―近藤機は洋上に出てまもなく、機首部から噴出した油が前部風防にかかった。機長の南一飛曹は進撃を断念し、伝声管で「引き返す」と近藤一飛曹に伝えて爆弾を投下。風防にかかる油を手で拭いつつ帰途につく。

間隔をあけて後方を飛んでいた四番機の広島忠夫一飛曹機は、一二機中で唯一の単座（四三型らしい）だった。広島機も動力系統に故障を生じ、やはり百里原へ引き返した。

再出動する三機

トラブルによって百里原基地に帰ったのは、この二機と二小隊四番機の三機。その後、敵機動部隊の位置を金華山の一〇五度、九五浬（一八〇キロ）とする新情報が入ったため、三機で第四小隊を編成しての再出動が決まった。

南―近藤ペアの滑油もれの乗機は別機に変えられたが、広島機は故障修理がすんだのか同じ機材だった。もう一機の布家―林機については、同一か否か判然としない。

三機は午後四時四十分ごろ、あいついで発進していった。しばらくのあいだは広島機が追随してくるのを、近藤一飛曹は確認している。単座では洋上航法がつらいから、偵察員の乗

再出動した布家一飛曹―林二飛曹機。訓練飛行時に茨城～千葉上空を飛ぶ。

る機に続く必要があった。

しかし広島機は速度が出ないのか、しだいに離れ、やがて近藤一飛曹の視界から消え去った。

四小隊の索敵コースは百里原から真東へ一八〇浬（三三〇キロ）、続いて真北へ一二〇浬（二二〇キロ）。まだ明るい午後六時八分、高度三〇〇〇メートルで北へ飛行中に、南一飛曹が敵艦隊を見つけた。菱形陣型で航行中の巡洋艦四隻だ。ただちに近藤一飛曹の指が無線の電鍵《キイ》を叩く。

降爆に入った「彗星」に、噴き上がる火の粉のように曳跟弾《えいこんだん》が向かってくる。操縦桿に付いた投下スイッチを押し、低空を百里原の方向へ離脱にかかったが、爆弾は付いたままだった。南一飛曹はいくぶん高度を上げ、敵弾が飛ぶなかで投弾操作を反復し、同時に急機動による振り落としを図った。

なんとか離れた爆弾は海中に落ちた。着弾点の付近に敵艦がいなかったのを、近藤一飛曹が視認している。

空母「ボノム・リチャード」から神奈川県上空に飛来した、VF(N)－91所属のグラマンF6F－5N。有用な単座夜戦だ。

戦場からだいぶ遠ざかり、高度が一〇〇〇メートルに達したころ、前上方から二機のF6F－5N夜間戦闘機が襲ってきた。敵は交替しつつ、後方へまわりこんで「彗星」を銃撃する。急に小きざみな振動が始まったが、南一飛曹は巧みに機を滑らせて射弾を避けた。

近藤一飛曹には、F6Fのほうが優速と感じられた。さいわい、敵機は哨戒空域へもどらねばならないらしく、やがて引き返していった。

F6Fは空母「ボノム・リチャード」からの第91夜戦飛行隊所属機。J・C・スタイアズ少尉が「彗星三三型二機撃墜」を記録した。一機は南－近藤機を落としたと思ったのだろう。もう一機に該当するのは、未帰還に終わった広島機以外にない。

微振動は治まらず、基地までは帰りがたいと判断した南一飛曹は午後七時三十分、仙台の南にある増田陸軍飛行場に降りた。振動の原因は、プロペラブレードにあいた一二・七ミリ弾の穴だった。ほかに被弾はなく、一発だけが高速回転中の翅《はね》に命中したのだ。

増田飛行場には、ひと足さきに三番機の布家－林ペアが着いていた。エンジン不調による不時着陸と理由を南一飛曹に話し、やがて百里原へ向けて先発していった。

陸軍飛行場への不時着機のうち、阿知波―竹田機だけは燃料を入手できず、金ヶ崎に隠されたままだった。すさまじい火網を無傷でくぐってきたのに、翌十日、来襲したF6Fに見つかって攻撃され、炎上・大破した。

「彗星」にとって最後の対機動部隊攻撃は終わった。出撃一二機中、未帰還は七機。電信室へ行った鏑流馬一飛曹は、「クタ（空母体当たり）」に「ツー」の長符が続き、そして途絶える突入音を聴いた。

出撃搭乗員の生存者たちが「攻撃法は通常攻撃であり、特攻ではない」と証言しているのに、一三名の戦死者は神風特攻・第四御盾隊として全軍布告扱いになった。

疑問への回答を、分隊長だった渡辺さんが出してくれた。「八月九日の出撃にさいしての副長命令は『空母に対しては特攻攻撃、その他の艦に対しては必中の通常攻撃』と明確にされていた」との内容である。

大型爆弾を積み、空母をめざした飛行を決死行動と認めて、特攻戦死とみなした判断は、正当と言うべきだろう。

夜襲隊、沖縄へ飛ぶ
――芙蓉部隊の最多出撃操縦員が見た目標

海軍航空廠（のちの航空技術廠）飛行機部が理想を追って設計し、試作した十三試艦上爆撃機。まず艦上偵察機として実戦に用いられ、ついで陸上偵察機、陸上爆撃機、そして本来の艦上爆撃機へと、戦場での用途が広がっていき、呼び名も十三試艦爆から二式艦上偵察機、「彗星」へと変遷《へんせん》する。付加された三種の派生型の艦偵、陸偵、陸爆への転用は、設計の時点で技術者たちにも比較的容易に想像できただろう。

彼らがまったく思いつかなかったのは、昭和十八年（一九四三年）の春まで海軍に存在しなかった、夜間戦闘機への変身だ。夜戦すなわち丙戦という、新しいカテゴリーに見合う機材とみなされ、「月光」のあとを継ぐかたちで、太平洋戦争の最後の一年間、実戦配備についた。

だが、この「彗星」夜戦を最大限に運用した芙蓉《ふよう》部隊の存在を知ったなら、設計チームの

右川舟平一飛曹。芙蓉部隊のなかで若いけれども、より多くの出撃をかさねた。

面々は驚愕《きょうがく》したに違いない。夜戦型ばかりか、艦偵型、艦爆型をかき集め、海軍航空始まって以来の夜間の降下爆撃を全面的に実施したからだ。

単機での沖縄への進撃、帰投は困難をきわめた。長距離航法、敵夜間戦闘機の待ち伏せ、目標上空の弾幕など、障害の連続だった。それらに脅《おび》えず、搭乗員たちはひたすら夜空を飛んで、ある者は帰り、ある者は帰らなかった。

その異色の戦いの様相を、一人の操縦員を軸に記述してみる。

「月光」から「彗星」へ

昭和十七年十月、甲種飛行予科練習生の十一期生として海軍に志願入隊。徳島県の小松島航空隊で二座（複座）水上偵察機操縦員の訓練を、九五式水上偵察機と零式観測機で進めた右川舟平《うがわしゅうへい》二飛曹は、練習機の教員をへて十九年十月に、夜間戦闘機「月光」を装備する戦闘第八五一《はちごおいち》飛行隊へ転勤。戦闘八五一の基地、北海道・千歳へ赴任し、陸上機への転換教育を受けた。

苦戦続きで基地航空部隊の搭乗員は消耗するばかり。一人前の操縦員を比較的容易に得る

芙蓉部隊が保有したうちの１機、「彗星」一二戊型。風防の後端部に付けた夜間戦闘機仕様の20ミリ斜め銃は、爆撃には不要なので除去されている。

手段は、必要度が低下した水上機乗りに、陸上機を覚えさせる再訓練である。十九年に入ると、戦闘機、艦上攻撃機、偵察機の各隊へ、少なからぬ数のもと水上機操縦員が転入していった。

右川二飛曹もそのなかの一人だ。千歳基地でまず九三式陸上中間練習機、次に複操縦装置付き九九式艦上爆撃機（九九式練習用爆撃機）で訓練した。水上機から転向した操縦員の多くと同様に、右川二飛曹も陸上機を「制約が多い水上機より扱いやすい」と感じた。

双発機「月光」に不可欠の、二つのスロットルレバーの同調にもスムーズになれ、訓練に熱が入っていた昭和二十年一月、フィリピン進出をめざして千歳から台湾の帰仁《きじん》へ移動。ところが、着陸時に主脚の故障で乗機が逆立ちして引っくり返り、つぶれた風防のなかで右川一飛曹（十一月に進級）の身体は二つ折りを呈した。

胸部打撲で入院し、郷里の高松で休暇を過ごす。この間に戦闘第八一二《はちひとふた》飛行隊へ転勤し、二月下旬の静岡県藤枝基地に着任した。
戦闘八一二は「月光」装備でフィリピン決戦の末期を戦い、戦力を喪失した夜戦部隊だ。藤枝では機材を「彗星」一二戊《ぼ》型、すなわち「彗星」夜戦に変更し、やはりフィリピン帰りの戦闘九〇一《きゅうまるいち》、戦闘八〇四《はちまるよん》両飛行隊とともに錬成を進めていた。

ふたたび単発にもどったうえ、液冷機特有の冷却器フラップ、艦爆特有の急降下用抵抗板（補助フラップ）などの操作が加わった「彗星」だが、試乗してみた右川一飛曹にさほどの難しさを感じさせなかった。

難点は機首の長さ。離陸時に前方視界が塞がれてしまう。尾輪が上がり頭が抑えられてから、ようやく水平線が見えてくるのは、心理的圧迫をともなった。

「『月光』の方が操縦しやすい。しかし『彗星』に抵抗はない」が彼の判断だった。

飛行訓練は昼間の定着、すなわち決まった位置へ三点姿勢（主車輪と尾輪が地に付いた状態）で降着する、定点着陸から始まった。昼間をこなせたら次は黎明《れいめい》、そして薄暮、最後が夜間。薄暮より黎明がやさしいのは、待っていれば明るくなるからだ。夜間定着をマスターしたなら、同じ順序で航法・通信訓練を進め、最後に銃爆撃に即した擬襲・攻撃訓練で仕上げる。

藤枝基地での錬成が進む三月のうちに、夜戦三個飛行隊は第一三一《いちさんいち》航空隊の指揮下に、芙蓉部隊の別名でまとまり、特攻を受け容れない飛行長・美濃部正少佐が練り上げた「彗星」

（一部は零戦）による、対機動部隊、対陸上基地の夜襲作戦の準備を概成させる。

芙蓉部隊は帳簿上は夜間戦闘機隊で、斜め銃付きの「彗星」夜戦も持っていたが、重爆撃機に対する邀撃《ようげき》は特に意識しなかった。右川一飛曹も斜め銃による敵機捕捉・攻撃の訓練を経験していない。

艦も島も見えず

藤枝を発した芙蓉部隊の第三陣が、鹿児島県鹿屋基地に到着したのは、先発の第一陣の進出から一ヵ月近くをへた四月二十四、二十五日。この間に沖縄航空総攻撃の菊水一号〜三号作戦で、部隊の「彗星」と零戦七機ずつ、合わせて二一名の搭乗員が戦死を遂げる激闘にもまれていた。

第三陣の「彗星」一〇機のうちに入っていた右川一飛曹の初出撃は、早くも到着翌日の四月二十六日未明。

作戦目的は、奄美大島の周辺海域を捜索し、敵艦隊を見つけて攻撃する索敵攻撃だ。索敵時刻は黎明、大隅半島南端の佐多岬からの進出距離一五〇浬《かいり》（二八〇キロ）。夜中の沖縄飛行場爆撃に比べれば、難度の低い任務と言える。

新しく前線に到着した者には、まずこなしやすい飛行を担当させ、戦闘行動に慣れさせるのが芙蓉部隊の方針だった。昼間の編隊進撃と違い、夜間は単機行動。頼れるのは自分と同乗者《ペア》だけだから、戦力を維持するためには、こうした配慮が不可欠なのだ。

　右川一飛曹とペアを組んだ偵察員は、十三期飛行予備学生出身で性格が穏やかな荒木健太郎少尉。乗機には、垂直尾翼に白ペンキで131－05と書いた「彗星」艦爆一二型が割り当てられた。

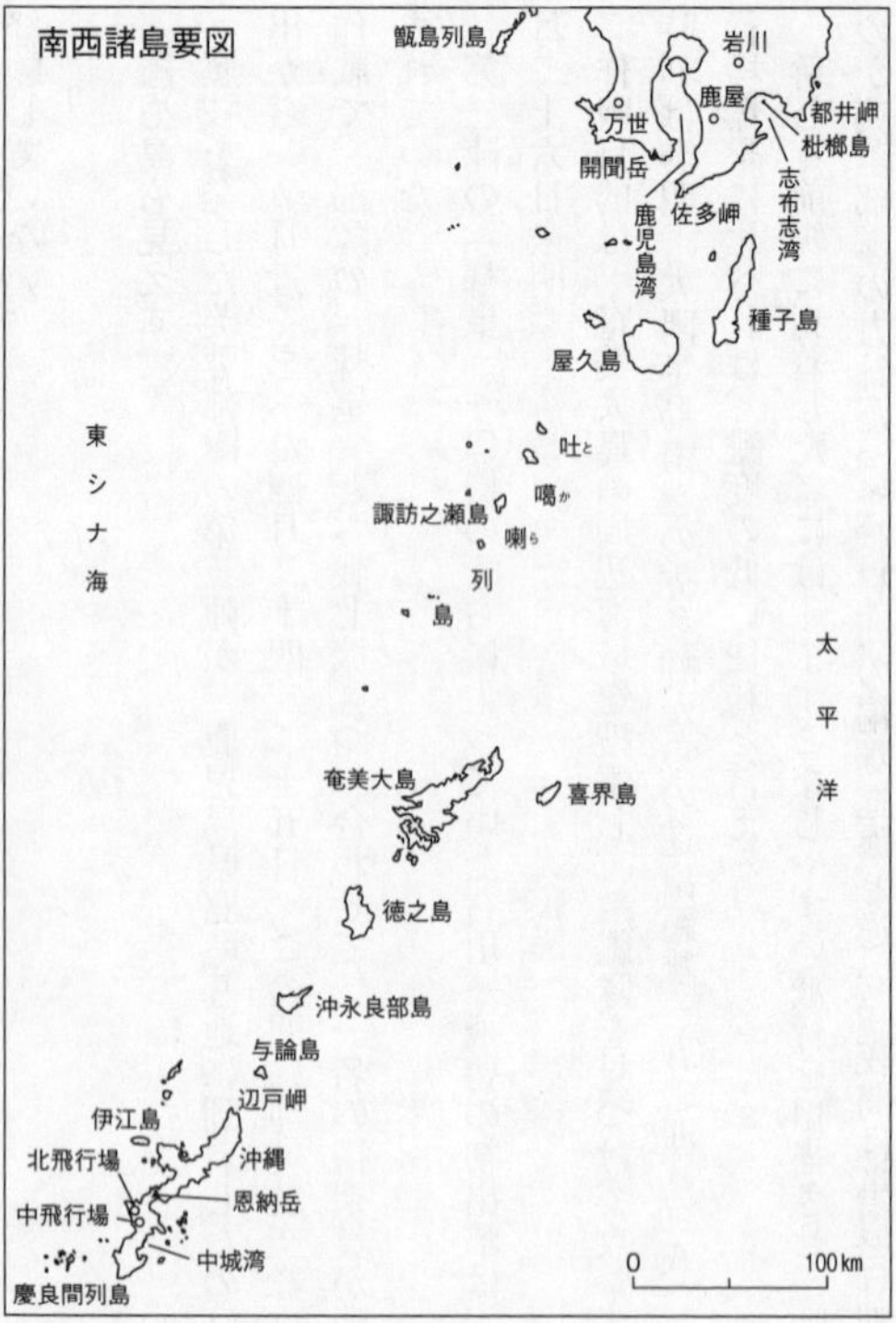

　この〇五号機は第一陣の一機として鹿屋に到着して以降、すでに七回も索敵や沖縄夜襲に使われ、エンジン故障による途中引き返しが一回だけの好調機だった。
　午前三時三十五分、最初の機が発進する。右川一飛曹―荒木少尉機はしんがりの七番目、三時五十分に発進した。どの機も二十五番（二五〇キロ）の陸用爆弾を一発積んでいる。天候は前日から不良で、雲が多かった。このため一機が途中で引き返し、ほかに故障でもどったのが一機あった。

発進からほぼ一時間後、右川―荒木機は索敵線の先端に到達。敵影を見ないまま一八〇度旋回し、一時間あまり飛んで早朝の鹿屋基地に降り、初出撃をなにごともなく終えた。一飛曹にとって、訓練飛行の延長のような感じだった。

翌日、四月二十七日から菊水四号作戦が始まった。ひたすら敵機動部隊ばかり追いかけていた海軍が、初めて沖縄の地上戦支援に目を向けた作戦だ。主目標は周辺海域の艦船と、北飛行場および中飛行場。

この作戦の中心戦力を芙蓉部隊が担《にな》った。作戦初日の二十八日にかけての夜に繰り出した、六次にわたる攻撃隊の合計機数は三五機。最後の第六次、「彗星」一二機のなかに右川一飛曹と荒木少尉の〇九号機が入っていた。

発進から一時間四〇分後の午前二時五十分、目標の中飛行場（嘉手納《かでな》）上空と思われる空域に達した。だが海ばかりで、沖縄の島影が目に入らない。晴天だから、見すごした可能性はごく薄い。風に流されたのか。

四〇分間も捜索してついに発見できず、燃料切れを案じて帰途につく。爆弾倉内の二十五番を「落とせ」と少尉が指示したが、もったいないので捨てなかった。

到達したのが鹿屋から北西へ一〇〇キロ離れた出水《いずみ》基地だったので、羅針儀の磁差があったのか、やはりコースずれが生じたようだ。ここで燃料をもらって鹿屋へ飛んだ。

後席は同期生

「熱田《あつた》」エンジンの整備習熟度は当時、芙蓉部隊の整備隊が海軍のトップだったと言えるだろう。彼ら整備員たちの熱意、武装を扱う兵器員たちの努力によって、四月二十八日の夜の帳《とばり》が降りるころには、連続二晩目の出動準備が整いつつあった。

午後八時前後に発進した彗星七機はいずれも北飛行場、中飛行場上空まで進撃でき、全機帰投して、搭乗員と地上員の両方の技倆を証明した。しかし、完備に手こずった機が後発にまわされたのか、二時間後に出動の七機中三機が不調で引き返し、一機は発進取り止めに決まった。

異常なしの三機のうち、前夜と同じ〇九号機が右川一飛曹の乗機だが、後席の偵察員は池田秀《ひでかず》一一飛曹に替わっていた。

右川、池田両一飛曹は、ともに三重空で予科練教程を過ごした同期生。ウマはぴったり合う。しかも、第三〇二《さんまるふた》航空隊での「月光」錬成員を振り出しに、末期のフィリピン戦を一ヵ月半戦ってきた生え抜きの夜戦乗り、池田一飛曹の偵察術は、前ペアの荒木少尉を超えていた。右川一飛曹にとって二重のプラスだ。

右川―池田機の目標はこんども中飛行場だった。沖縄に到達したけれども飛行場を視認できず、やむなく付近を流れる比謝川《ひじゃがわ》の河口あたりに投弾する。敵の反撃は受けず、三時間飛んで鹿屋基地に帰った。

北飛行場は中飛行場とともに沖縄夜襲作戦の主目標の一つだった。米軍のおびただしい対空火器が侵入機を待ち受けた。

二十九～三十日は連続三夜目の全力出動。酷使に耐えにくい「彗星」を、整備隊の奮闘で一三機そろえられた。鹿屋での保有数が二一機だから、状況からすれば驚異的と言いうる可動率である。

同じパターンの夜襲作戦の裏をかかれないように、先発機を南西諸島に沿って飛ばし、電探欺瞞紙《ぎまんし》（レーダーに感応する錫箔のテープ）を撒《ま》いて偽電を打たせる。これにおびき出された敵夜戦グラマンF6F－5N「ヘルキャット」が燃料を使い切った三時間後に、主力の彗星一〇機が北および中飛行場を襲うトリックを用いた。

右川―池田ペアの二九号機は三十日の午前零時四十八分に発進し、低空を南西へ飛ぶ。

偵察席の可動風防の把手《とって》には、九〇センチ～一メートルに切った電探欺瞞紙が一〇本ずつ糸でくくって引っかけてある。錫箔テープのロールからこれを作るのが、偵察員の昼の仕事だった。

池田一飛曹の目が夜空をくり返し嘗《な》めまわす。消炎装置が付かない「彗星」の排気炎は、敵機からも認めやすい。それより早くF6Fの排気炎を見つけねばならない。

二時間近くのち、沖縄が視界に入った。レーダーを避けるための海面すれすれの高度を、目標の十数キロ先から三〇〇〇〜四〇〇〇メートルへ引き上げる。読谷《よみたん》の北飛行場を確認できた。

煙霧《ミスト》を通して光っていた灯火が、降爆にかかると同時に消えた。かわりに対空火網が噴き上がってくる。曳光弾が光のシャワーのようだ。

翼下面に付いた抵抗板を開けず、冷却器のシャッターも全閉にして、高速で突っこみ、高度一五〇〇メートルで二十五番の投弾にかかり、五〇〇メートルで引き起こして離脱する。他部隊の搭乗員のほとんどが経験していない、リスクが大きな夜間の降下爆撃。さいわい被弾はなかった。

三晩連続で出撃した芙蓉部隊の搭乗員は、戦闘九〇一の尾形勇上飛曹（零戦）のほかは右川一飛曹だけだった。

弾幕、夜戦、胴着

沖縄地上戦の支援の色をさらに濃くした五月上旬の菊水五号作戦では、上飛曹に進級の右川―池田ペアは、五日の未明に北飛行場をめざした。しかし、南西諸島上空を雲がべったり覆う天候不良にはばまれて、途中引き返しを余儀なくされた。

続いて十四日の未明、一三一号機で一五〇浬進出の対機動部隊攻撃に出て、敵影を見ないまま予定コースを飛び終えた。同一コースを一〇分前に飛んだ山崎里幸上飛曹―佐藤好少尉の五六号機が、米海軍第12戦闘爆撃飛行隊のF6Fに落とされたのを、彼らは知る由もない。

鹿屋基地は敵艦上機の空襲中だったため、芙蓉部隊が同県内で新基地に決めていた岩川へ機首を向けた。位置は鹿屋から北東へ三〇キロ。まだ輾圧《てんあつ》が不充分なので、「彗星」はバウンドし、車輪をめりこませて止まった。戦闘九〇一の零戦二機が前日に降りていたが、「彗星」としては右川―池田機が初着陸だった。

牧場に見せかけた秘匿《ひとく》基地・岩川からの初出撃は、菊水七号作戦の五月二十五日未明。索敵隊八機に含まれた右川―池田ペアの五七号機は、二〇〇浬（三七〇キロ）進出、三時間二〇分の飛行を無事にこなして、夜明けの岩川に帰ってきた。

昭和二十年の五月～六月は雨が多く、そのぶん出撃の機会が減った。右川上飛曹が次に搭乗割に入ったのは、一ヵ月近くたった六月二十二日にかけての夜間攻撃だが、それも天候不良のため出動は取り止められた。

このときのペアは池田上飛曹から井戸哲《さとし》上飛曹に変わっていた。井戸上飛曹は第十三期飛

7月、岩川基地の雑木林に隠された「彗星」と、実用機に4年乗ってきた熟練偵察員の専任下士官・井戸哲上飛曹。

行練習生（丙飛予科練二期と同等）出身で、搭乗歴はすでに四年。水偵の偵察員から「月光」に変わり、トラック諸島とフィリピンでの多くの夜間戦闘を経験ずみで、戦闘八一二では先任下士官、つまり最古参の上飛曹だった。

二日後、沖縄守備の第三十二軍は壊滅。菊水作戦はこの十号で終局を迎え、陸海軍とも本土決戦の決号作戦に移行する。

練習機「白菊」と零観の夜間泊地特攻を補佐するため、六月二十五日の夜は制空隊に零戦四機と「彗星」二機、陽動隊に「彗星」二機、攻撃隊に「彗星」六機を出動させた。いずれも敵夜戦を制圧するのが目的で、攻撃隊の目標はノースロップP－61「ブラックウィドウ」装備の米陸軍548夜戦飛行隊が展開中の伊江島飛行場だった。

右川－井戸ペアは敵夜戦を引きつける陽動隊。乗機は艦爆型ではなく、翼下に六番（六〇キロ）の三号爆弾二発を付けた二式艦偵六二号機だ。午後八時二十分に岩川基地を離陸した。

右川上飛曹にとって井戸先任は、気心の通じた池田上飛曹とは違った意味で、ありがたいペアだった。淡々とした声で「あと〇〇分で沖縄だ」と教えてくれる。すると、ズバリその時間をへて黒い島影が見えてくるのだ。敵夜戦に狙われないように蛇行で飛んでいるのに。腕のすごさに、右川上飛曹は唸《うな》った。

海面上を飛ぶレシプロ夜間戦闘機の最高峰、ノースロップP－61「ブラックウィドウ」。高性能レーダーと強武装を備える。

高度四〇〇〇メートルから北飛行場をめがけて四〇度の降爆に入る。たちまち二〇本もの光の帯が二式艦偵に集まってきた。目がくらむ明るさ、湧き上がる敵弾、炸裂で機体が揺れ、井戸上飛曹は頭を風防にぶつけた。一秒が一分に、一分が一時間にも感じられる。投弾するや、ひたすら離脱。中城湾《なかぐすく》上空に出ると敵艦船がひしめいている。ここでもまた射弾の中を突っ切った。二〇〇メートルの高度を少しずつ上げ北東に針路を取る。

一時間ほどたったころ井戸上飛曹は、下方に双発のP－61の機影を認めた。「敵機っ！」。伝声管で前席に伝え、降下を指示する。敵より下に位置すれば撃たれないからだ。斜め銃か一三ミリの旋回機銃でも付けていないのが、井戸上飛曹にはくやしかった。

高度の下げ合いで二式艦偵が五〇メートルまで降りると、P－61も同高度で追ってきた。軸線を合わされないよう、かつ間合を詰められないように飛び続け、奄美大島をすぎたあたりで敵影が見えなくなった。

右川上飛曹には降爆時に受けた被弾が分かった。速度がいつものように出ない。右翼上面の外板がめくれている。右補助翼も右フラップも動かない。

岩川が近づいた。脚出し操作をすると、右脚の赤灯が点《つ》かない。夜間の片脚着陸など危険すぎてできないから、左脚を納めて、後席に「胴体着陸します」と伝えると、機長の落ち着いた返事があった。右川上飛曹も冷静だった。

志布志《しぶし》湾内の枇榔島《びろうじま》の上空から基地へ接近する。この方向からだけ、着陸の目安になる夜間設備の灯火が見えるからだ。水上機の着水のスタイルで、尾部を下げ気味にして降着。接地し二〜三回まわされて、逆立ち状態で停止した。発進から五時間一〇分後の、二十六日午前一時半だった。

右脚が出なかったのは被弾のためだ。ペアはどちらも無傷で地面に降り立ち、芙蓉部隊の「彗星」操縦員で最多出撃の六回に及んだ一人、右川上飛曹の最も苛烈な戦いは終わった。

ガンシップ「銀河」の一撃

——多銃装備機の実戦記録

対地専用の斜め銃

日本軍において、対地攻撃専用の自動火器を飛行機に付けて実験した最初の例は、横須賀航空隊の浜野喜《き》作《さく》航空特務少尉が昭和十五年（一九四〇年）ごろ、九六式陸上攻撃機の胴体下部に二〇ミリ機銃を装着し、湖面に浮かべた飛行艇を撃ったのが最初ではないか。この銃は固定式ではなく、弾道の修正が可能だった。

進級した浜野大尉は十八年四月、第二五一《ふたごおいち》航空隊司令・小《こ》園安名《ぞのやすな》中佐の発案による傾斜装備式固定機銃の実現に力量を発揮。これが夜間戦闘機「月光」を生んだ最大要因の、二〇ミリ機銃を用いた斜め銃である。二五一空は、「月光」の背から斜め上向きに突き出た上方銃を重爆撃機の攻撃に用い、予想外の戦果をあげるかたわら、腹から斜め下向きに出た下方銃で、夜のソロモン諸島の地上施設や魚雷艇をねらった。

このアイディアは同じ方面で、九五八空《きゆうごおはち》の零式水上偵察機にも流用されている。三〇ミリ機銃一梃を下方銃装備にして、夜間に物資輸送で航行する小型艦艇を求めて飛んだ。

下方銃の長所は、水平飛行のまま目標を撃ち流していける点だ。下手をすれば地表や海面にぶつかりかねない夜間の降下上昇の舵を使う必要がなく、また返り討ちに遭《あ》いやすい昼間の超低空への降下をしないですむ。

欧米では、上方銃はドイツ版斜め銃の「シュレーゲ・ムジーク」があるが、対地用の下方銃は求めにくい。ユンカースJu87D急降下爆撃機の外翼下に付ける、七・九二ミリ機銃六梃内蔵のWB81Aコンテナがその珍しい一例である。ただし機銃の俯角（下向きの角度）が一五度と小さいから、水平飛行での射撃は無理で、いくぶんかの降下を要したと思われる。また小口径ゆえに、兵員、トラックを主目標にしたのだろう。

すなわち対地攻撃用下方銃は、ほとんど日本独自の武装と称していいだろう。その極め付けが陸上爆撃機「銀河」の多銃装備機だ。「銀河」の腹からムカデの足のように出た一二梃の二〇ミリ機銃の斉射により、マリアナ諸島の基地にならんだB－29群に痛打を浴びせる、烈作戦に投入されるはずだった。

敗戦により、烈作戦は未遂に終わる。いかにも迫力に富んだ日本版ガンシップは、ついに宿敵・ボーイングB－29超重爆に一矢を報い得なかった。だが、実績は皆無ではない。まったく別の地域で、同種の「銀河」が間違いなく出撃していたのだ。

扱いづらい大型機

「銀河」についてごく大雑把《おおざっぱ》に言えば、ドイツ空軍が高速双発爆撃機構想のもとに作らせた、降下爆撃が可能なユンカースJu88のふれこみに、海軍航空の一部関係者が強い関心を抱き、おりから中島飛行機が試作を始めた小直径で大出力の十五試ル号（のちの「誉《ほまれ》」）エンジンと結び付けて、身内の航空技術廠が高性能・万能の攻撃用機の実現をめざしたのが始まりだ。

用兵側が身勝手な利点だけをならべた運用思想がベースの「銀河」の、初の部隊である第五《ごお》二一《にいいち》航空隊が編成されたのは昭和十八年八月。一〇ヵ月後のマリアナ航空戦で戦力を失い、十九年七月十日付で解隊にいたる。その残存隊員に他部隊の陸上攻撃機搭乗員を加えて、同日に千葉県香取《かとり》基地で編成されたのが攻撃第四〇一《よんまるいち》飛行隊である。

攻撃四〇一は、来《きた》るべきフィリピン決戦時に

昭和19年（1944年）6月、米空母に迫ったが、被弾し発火した五二一空の陸上爆撃機「銀河」一一型。前評判とは裏腹な、この機の戦歴を凝縮した一情景と言えるだろう。

追浜航空隊で第７期飛行機整備予備学生たちが、複雑な構造の「誉」エンジンの習得に没頭する。19～20年の海軍航空の期待をになう新たな動力だった。

主力となるはずの第一航空艦隊の、直率《じきそつ》部隊・七六一空に所属した。南部フィリピンのミンダナオ島への早期進出を予定されたが、難物の「誉」一二《いちにい》型エンジンの可動状況はいまだに良好たりえず、機体の完備も難しくて、飛行作業の足を引っぱっていた。

そうした八月のなかばに、第七期飛行機整備予備学生出身の士官二名が、攻撃四〇一飛行隊付《づき》を命じられて、移動後の木更津基地にやってきた。

彼ら、柿沼俊一《しゅんいち》少尉と今成清少尉は予備学生当時、「銀河」一一《いちいち》型と「誉」を専修の第十三分隊に配属され、追浜《おっぱま》航空隊で整備術の教育をうけた。それぞれ名古屋大学および横浜高等工業学校の機械科を出ていて、理系各学科のなかでもメカニズムの対応力がいちばんのはずなのだが、「銀河」はやはり容易な相手ではなかった。

攻撃四〇一での勤務になれたのちの柿沼少尉は、追浜空での教育をふり返って、機体、エンジンとも専修機種別に分隊を構成する方式を正解と認めながら、なおも実用機への習熟が

8～9月に写された攻撃第四〇一飛行隊の「銀河」一一型。この隊が七六一空の指揮下にあったころだ。主翼下に容量600リットルの増槽を装備する。

不充分との感想を抱いた。裏を返せば、「銀河」を習い足りない、と言いたいのだ。

海軍の実用機のうち、各種要因から、実施部隊において地上員が扱いにくい筆頭は「銀河」だったのではあるまいか。ちなみに九月初めの攻撃四〇一の保有三八機に対し、可動二〇機、すなわち可動率五二パーセントは、一航艦の各機種中で最低である。

十月上旬、攻撃四〇一は木更津基地からルソン島クラーク中《なか》飛行場に進出したが、小出しの索敵攻撃、哨戒、それに事故、ひんぱんな空襲などで戦力は漸減していった。木更津出発後一ヵ月間に、作戦飛行に従事した一五機以上が帰らず、その多くはグラマンF6F艦上戦闘機に撃墜された。開発時の高速爆撃機たるべき目算とは大きく異なって、掩護戦闘機なしの昼間出動が自殺行動に近いあたりにまで、「銀河」の相対的能力は落ちていた。

後任飛行隊長（十一月五日付）の安藤信雄少佐がマレー半島中部のアエルタワルから、陸攻を乗り継いで十一月中旬にクラークに着任したとき、前任の高井貞夫少佐は転勤先の横空へ赴任してしまって不在。搭乗員は一三名だけで、「銀河」はゼロの壊滅状態だった。

すでに十一月十五日付で攻撃四〇一には、七五二空《ななごおふた》への転入と木更津基地での戦力回復が発令されていた。安藤少佐は翌日、零式輸送機に搭乗員を乗せて内地へ向かった。以後、輸送機と陸攻を使ってのピストン空輸が下旬にかけて続く。

整備の柿沼、今成両少尉らは十二月二日に零式輸送機で発《た》ったが、天候不良で給油地の沖縄・那覇の小禄《おろく》基地に降りられず、喜界島の沿岸に不時着水の冷や汗をかかされ、私物を失った。それでも、まだルソン島が日本軍の手中にあるうちに離れられたのは、幸運だったのだ。

錬成から実戦へ

なおもフィリピンで戦闘中の七六三空・攻撃四〇五飛行隊の残留隊員や、整備教育部隊の相模野《さがみの》空からの高等整備術練習生卒業者も加えて、攻撃四〇一飛行隊の地上員は十一月中におおむね整った。

機材は主として厚木基地から新造機を空輸した。同基地の輸送部隊一〇八一空《せんはちじゆういち》が中島の小泉製作所から運んだ「銀河」だろう。十二月初めの五機が逐次ふえて大晦日には三七機を数え、この間の可動率は五〇パーセント台〜七〇パーセント台を維持した。諸条件に恵まれた

群馬県の中島飛行機・小泉製作所で作られた「銀河」が、工場の駐機エリアで引きわたしを待つ。手前の主翼とエンジンは四発の十八試陸攻「連山」。

関東地区なのと、「銀河」整備の経験者、高技能者を集められたがゆえの高率である。

飛行作業の方は、操・偵とも着任時の技倆レベルがバラバラなので、画一的な訓練など無理だ。新人操縦員は地上滑走からスタートし、一人前の者はさらに腕を上げるための錬成にはげみつつ、若い連中の訓練飛行にも協力した。

電信員を務める新人偵察員、それより若干キャリアがある若年偵察員は、それぞれ旋回銃用の地上射撃訓練および航法座学をふり出しに、単機航通（航法通信の略）から編隊航通訓練、訓練哨戒へと進む。

攻撃四〇一飛行隊長の安藤少佐が飛行学生のとき、当時としては目立つ一七五センチの長身ゆえもあって、大型機である陸攻の操縦員を望んだ。千歳空分隊長として、開戦早々ウェーク島を九六陸攻で爆撃し、初期のガダルカナル、ポートモレスビー空襲には一式陸攻編隊の指揮をとった。

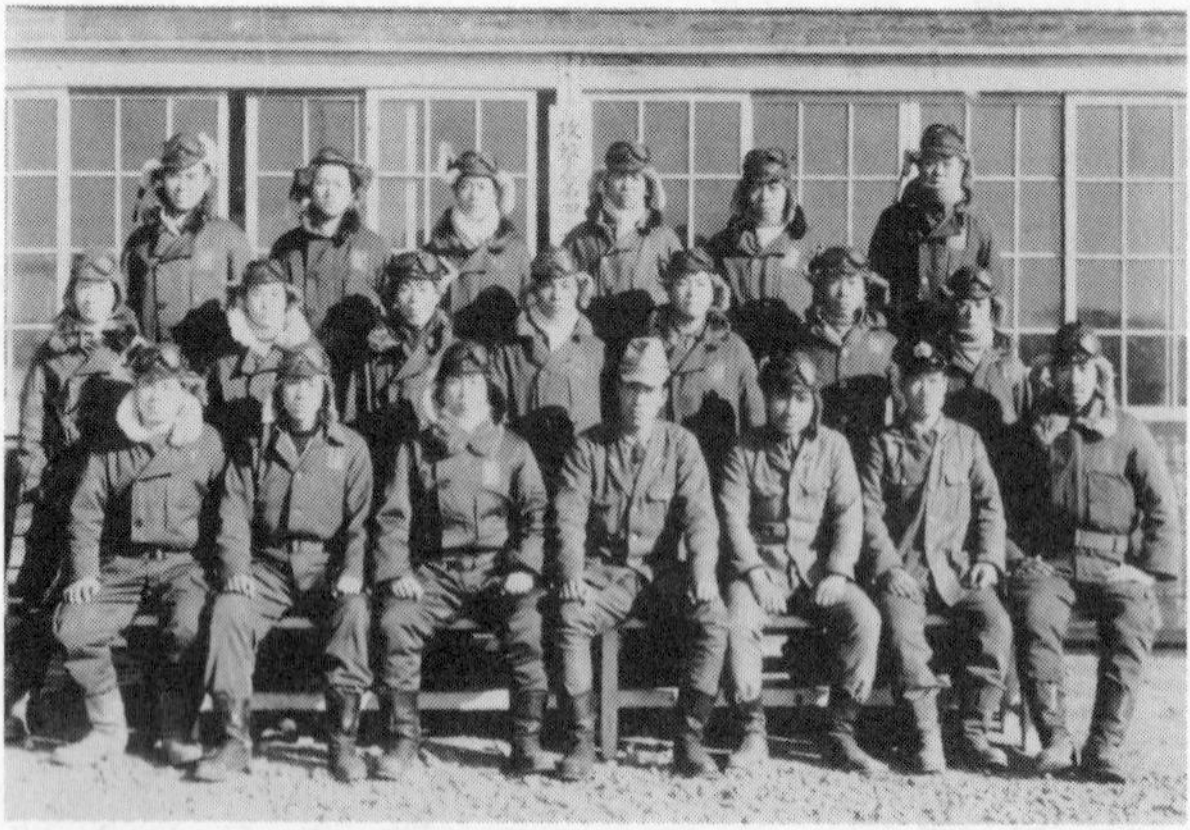

19年12月、木更津で攻撃四〇一の分隊ごとに写した。前列左から２人目・田辺勤少尉、中央が飛行隊長・安藤信雄少佐、一人おいて樋口貞治飛曹長。

一式陸攻は九六式に比べて速度、上昇限度が格段に優れていた。「ただし操縦の難易の差はあまり感じませんでした。一番いいのは『銀河』。戦力になる飛行機ですが、戦局の悪化により戦果をあげ得なかった」と安藤さんは回想する。これまで未経験の降下爆撃は、攻撃四〇一で四五度まで経験したが、訓練だけで、実戦で試す機会は訪れなかった。

七六二空・攻撃四〇六飛行隊で「銀河」の飛行作業に入った、第十三期飛行専修予備学生出身の偵察員・田辺勤少尉は、攻撃四〇一に転勤後、初めて降爆・雷撃訓練を経験した。指揮所をめがけての降爆擬襲では、操縦の本間上飛曹が肩バンドをしていなかったため身体が前にのめって引き起こせず、あわや地表に衝突の危機一髪。雷撃擬襲の標的をつとめる軽巡洋艦「矢矧《やはぎ》」への接近時に、実射訓練

空母「エンタープライズ」を発艦した第90夜戦飛行隊のF6F－5N「ヘルキャット」が訓練飛行中。レシプロ単座夜戦として最も成功した機と言える。

中の戦闘機の射弾が偵察席に当たるアクシデントにもみまわれた。

田辺少尉は整備予備学生にもなり得た広島高工機械科の卒業。同じ学問を修めたためもあってか、ふだんの接触はあまりない柿沼少尉とウマが合い、二人とも囲碁が互角の腕前で、士官次室でよく盤上の闘いを楽しんだ。

十三期予備学生出身の操縦員・北井英明少尉も熊本高工で学んだ理系だ。もともとの専修機種が艦上爆撃機で、実用機教程で複葉の九六式と単葉の九九式（こちらは一～二回だけ）の両艦爆に乗った。修了後に「銀河」に転じて攻撃四〇六、攻撃四〇五と転勤し、十二月に攻撃四〇一に着任した。

九六艦爆で四〇～四五度の降爆をなんども訓練した北井少尉だったが、「銀河」では編隊機動が主体で、急降下を試す機会を得られないでいた。ようやく実行できたのは敗戦が近い七月。沖縄・久米島周辺の艦船をねらって降爆をかけ、「機体が大きいので四〇度まで入れず、三〇度がいっぱい」の体験を得る。

昭和二十年一月二十日、攻撃四〇一は錬成にピリオドを打って、可動全力で木更津を発ち、翌日に台湾の台南基地に進出した。整備分隊は別動の移動だが、酒保物品担当の柿沼少尉は横浜基地で二式飛行艇に積みこみ、台湾の東港基地経由で運搬指揮を全《まっと》うした。

一〇日前に一航艦司令部がマニラから後退したことで、不退転の決戦場のはずだったフィリピンは、すでに見捨てられてしまっていた。

三航艦・七五二空への二ヵ月間の編入は、戦力回復のための便宜上の措置だったと考えられる。攻撃四〇一は名目上は三航艦司令長官の麾《き》下《か》部隊に所属していながら、古巣たる一航艦担当区域にもどったわけである。ついで二月五日付で台南で開隊の七六五空に即日編入され、名実ともに一航艦長官の麾下に復帰した。

台南に到着早々、機動部隊を求めて台湾東方海域へ夜間の索敵攻撃に出た増子富二中尉機が、第90夜間戦闘飛行隊のF6F－5N夜戦に襲われて帰れなかった。

間を置かずに、東方洋上への三機ずつの哨戒飛行を開始する。一機ずつ空域をずらして五～六時間飛ぶのだが、いずれも昼間なので敵機に出くわす確率がかなりあり、鈍足で燃えやすい陸攻よりはマシとはいえ、出動のつど一～二機の「銀河」が失われていった。

銃装機が現われた

攻撃飛行隊が保有する「銀河」の攻撃用兵装は、爆弾と魚雷の二種類だ。ところが三月の初め、攻撃四〇一の保有機にもう一つの武装が実現した。対地用の二〇ミリ機銃である。この斜め下方銃を「銀河」に導入する案が攻撃四〇一で出されたのは、台南進出後あまり時間が経たないうち、すなわち一月下旬～二月前半のあいだと推定される。

案出当時の主目標は、ルソン島リンガエン周辺の敵基地にならんだ飛行機だった。上空警戒中の戦闘機に落とされに行くがごとき昼間は避けて、夜襲を選択。引き起こしが大変でにぶい機動の大がらな機には、夜間の急降下爆撃は困難かつ危険至極だから、浅い緩降下か水平爆撃が相場になる。それなら、俯角をつけた機銃を胴体内に装備し、水平飛行で流し撃つほうが有効かも、との考えが出て不思議はない。

「銀河」下方銃案が独特なのは、対地攻撃専用と多銃装備の二点である。

冒頭に記したように、下向きの機銃で地表を撃つ戦闘法は、「月光」の斜め下方銃の実戦使用によって、夜戦隊員はもとより、兵器整備員や武装関係の技術者に広く知られていた。しかし隊長だった安藤さんによれば、夜戦の斜め上方銃がヒントになったのは事実だが、斜め銃そのものは一度も見ておらず、斜め下方銃については隊内のオリジナルな発案だったという。

発案者は誰か。「記憶にありません。飛行隊の総意というかたちでした」が安藤さんの回

攻撃四〇一の「銀河」銃装機概念図
上は安藤さん、下が田辺さんの回想による

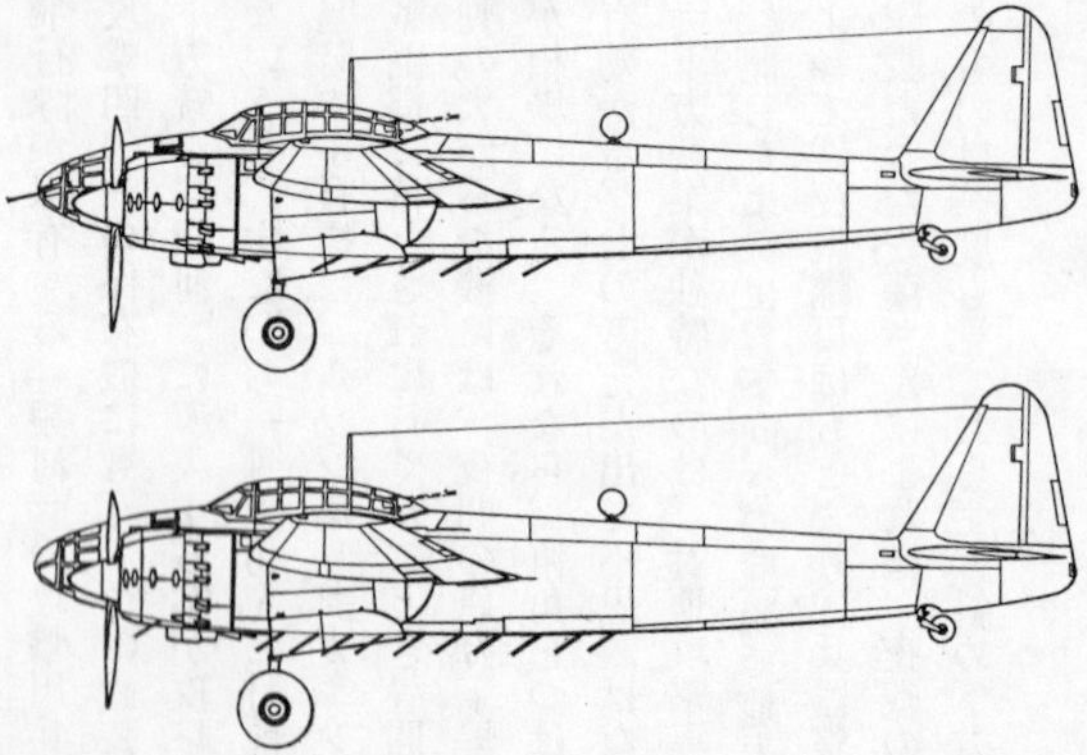

答。これに対し、飛行士（飛行長の補佐役）だった田辺さんからは「分隊長の三宅（俊治）大尉が台南で考えたと思います」と具体的な名前があがる。

改造は高雄の第六十一航空廠が手がけ、三月に入るころまでに完成した。攻撃四〇一では爆装機、雷装機にならって、この機を銃装機と呼んだ。

筆者が知るかぎり、銃装機の内容について具体的に語れる人物は安藤さんと田辺さんだけだ。そして、ままあることだが、取り付けられた二〇ミリ機銃について、二人の記憶にはかなり違いが見られる。

まず安藤さんの回想。二〇ミリ機銃は一〇～一二梃。爆弾倉のなかばあたりから後方へ、五梃または六梃ずつの二列配置で、俯角は一定。爆弾倉の扉は外してあったようだ。

田辺さんの回想では、一〇梃が一列にならんでいた。そのほかに機首内、偵察席の両側に一梃ずつ、同じような俯角で取り付けてあった。機首先端の防御用二〇ミリ機銃は除去。

田辺さんが言う機首内の二梃は、六〇発入りドラム型弾倉を付けた九九式一号銃だったのは確実である。胴体内の一〇梃あるいは一二梃も、一号銃だったのではないか。全長の短さ、ドラム型弾倉式（ベルト式給弾では弾倉の付加工作が大変）など多銃装備における利点はともかく、航空廠への還納機、事故破損機をふくむ）から外した余剰の機銃を利用したと思われるからだ。

両回想の中間を採るわけではないが、機首から二梃、胴体から五梃ずつ二列、合計で一二梃が筆者の推定だ。北井さんも一二梃装備と覚えているから、数は間違いないだろう。

試飛行をかねて台南沖の空域で、銃装機の試射が初めて実行されたのは三月二日。このときは単機だったが、三日は二機、四日は三機が試飛行と試射に飛んだ。つまり銃装機は複数できたわけで、三機止まりの可能性が高い。

その後も一機または二機の試射が八回ほどくり返された。全機銃が滞《とどこお》りなく発射されるかをテストするほか、低空射撃のさいに地面で跳ねた跳弾が機体に当たる可能性も調べられた。

これらの飛行はいずれも薄暮から夜間にかけての時間帯を用いた。もちろん、付近空域を跋《ばっ》扈《こ》する米戦闘機に食われないためで、爆装機の訓練も同様である。

当初の試射で田辺少尉が偵察席を占めたとき、射撃中に突然の閃光《せんこう》と轟音。横の機銃に膅《とう》内《な》爆発を生じたのだ。銃身が割れ、風防の一部が壊れたが、弾倉が盾になったおかげで少尉は無事だった。ベテランの整曹長を同乗させて試射をやり直したら、また腟内爆発し、整曹長は臀部《でんぶ》に重傷を負った。原因は二〇ミリ弾の不良で、使用不能の通達を確認し忘れた整備分隊長のポカミスにあった。

台南沖での夜間の試射を、司令をはじめ隊員たちと兵器関係者が飛行場から望見したときがあった。北井少尉もそのなかにいて、五発に一発の曳跟弾《えいこんだん》が洋上でパッパッと光るのを見届けている。

敵飛行場が眼下に

ルソン島の西側、リンガエン周辺飛行場への攻撃四〇一の空襲は、二月一日に三機、三月一日に一機、五日に二機だけ。どれも爆装機による夜間侵入で、ポツリポツリの典型的な点滴攻撃だが、台南基地の保有機一四〜一五機のうち可動機はその半分前後、ときどき哨戒に出すし、一航艦の虎の子戦力としての温存が望まれるから、仕方がないとも言えた。

だが、細々とした状態を打ち破る作戦の準備が進められ、実施を前に、その総合訓練が三月十九日と二十日の夜に八機ずつで実施された。また二十日の朝には、リンガエン飛行場夜襲の研究会が開かれた。

二十二日の夕刻、九機の「銀河」が台南基地を離陸した。第一小隊が銃装機三機、第二、第三小隊が爆装機三機ずつだ。

一小隊一番機の操縦が指揮官の安藤少佐。台南の保有機の七割による〝大規模〟作戦だから、飛行隊長が率いるのは当然と言うべきかも知れない。だが、率先空中指揮が不可欠の戦闘機部隊でさえ、尻ごみする隊長が見受けられるこの時期に、地上指揮にまわってもおかしくない攻撃飛行隊のトップ（しかも佐官）が、積極的に困難な任務に応じる姿勢は高い評点を得られるはずだ。

安藤飛行隊長と乗り合わせるペアは、偵察が田辺中尉（三月一日進級）、電信が樋口貞治《さだはる》飛曹長という台南進出以来のメンバー。隊長機には腕達者があてられるのが通例だ。田辺中尉は航法のキャリア一年数ヵ月ながら、理系出身の冷静さと、同期生の水準を抜く技倆を買われたのだろう。発進前、碁を打ち終えた柿沼中尉が「帰ってきてくれよ」と語りかけた。

電信席にはたいてい若年偵察員が座るが、樋口飛曹長は偵察術の専修ではなく、第四十四期普通科電信術練習生出身のいわば無線のプロで、このとき電波に携わって八年半、部隊で断然トップの腕前を持っていた。日華事変では華中、華南を飛び、開戦時のフィリピン空襲以後、南西方面の作戦に従事した、はえぬきの陸攻搭乗員である。

日没後、銃装の一小隊は南シナ海側・西方向から、爆装の二、三小隊は山側・東方向から進入する手筈《てはず》だった。当然、攻撃は単機ごとの行動をとる。

地上員に送られての出動状況。ただし銃装機ではなく標準仕様の「銀河」だ。両エンジンが快調なら高性能を発揮できた。

離陸後ややたって、一小隊二番機の三宅大尉機がエンジン不調により引き返した。八機の機影はしだいに闇に呑まれていく。三〇〇〇～四〇〇〇メートルの巡航高度を保って洋上を八〇〇キロ南下。やがて敵のレーダー波を避けるべく、高度を二〇〇メートル（田辺さんの回想では五〇〇メートル）まで落とした。

リンガエン西側の半島の付け根あたりで上昇、左旋回ののち丘陵地帯を越えて、目標に迫る。機首内で目をこらす田辺中尉は、前方にリンガエン飛行場のほの白い滑走路を認めた。突入だ。

夜なので敵機の列線は見えない。高度は一〇〇メートルぐらいか。それらしいあたりに対して安藤少佐は、操縦桿に付いた下方銃発射ボタンを押した。

このとき田辺中尉が見たのは、乗機に迫る五～六発の曳跟弾。レーダーにつかまって対空火器から近接信管付きを撃たれたらしく、いきなり命中した。

「隊長、右タンクやられましたっ、引き返して下さい！」。伝声管から響く樋口飛曹長の声に、少佐が海側へ左旋回して右翼を見ると、燃料が夜目にも白く霧状に噴き出ている。被弾のショックは感じなかったのだが。

銃撃は成功した

攻撃続行は無理だ。飛行場上空から離脱し、リンガエン湾を北上する。右翼タンクの燃料が抜けては台南まで帰れない。そこでルソン北端のアパリの飛行場に不時着陸するつもりで向かったが、視認できなかった。途中、少しでも重量を軽減し航続力を維持するため、航法用器材などを投棄した。

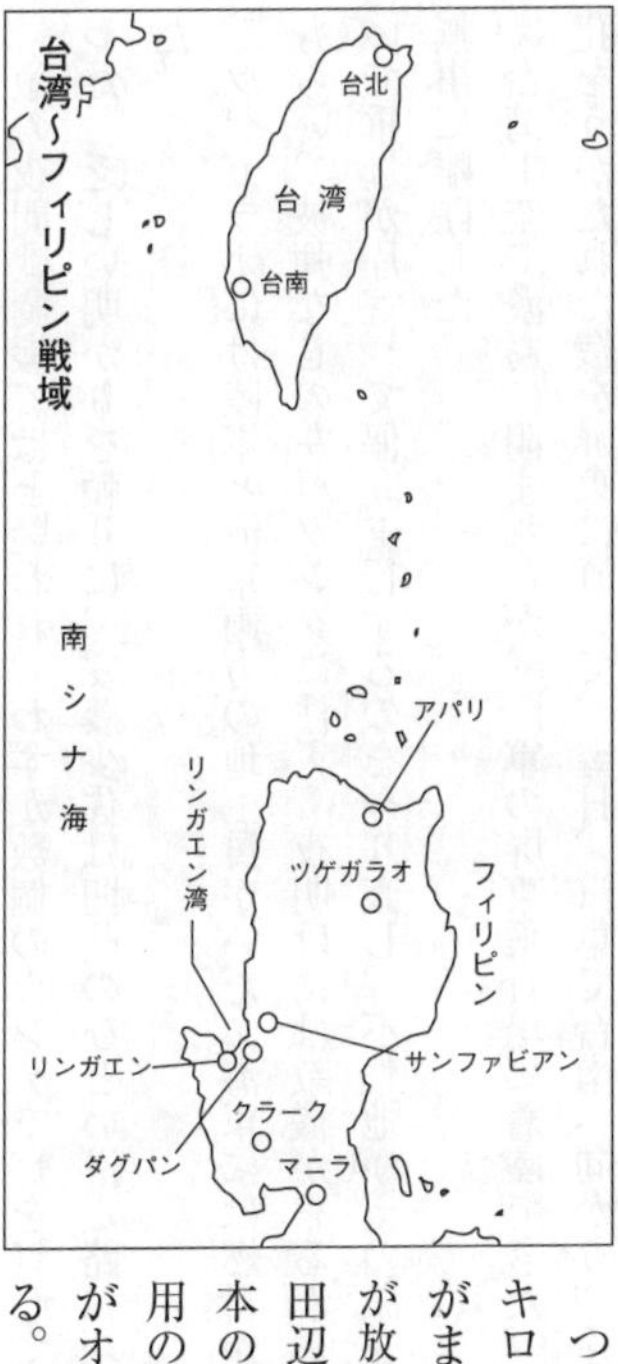

台湾〜フィリピン戦域

ついでアパリから南へ八〇キロのツゲガラオへ。日本軍がまだ確保（というより米軍が放置）している飛行場だ。田辺中尉は月明かりの中に三本の滑走路を識別した。着陸用の灯火点灯を、樋口飛曹長がオルジス発光信号で依頼する。

敵の夜間戦闘機ではと疑われ、わずか数個のカンテラ灯を灯してくれるまでに時間がかかった。乏しい明かりを頼りに、安藤少佐は凹凸のひどい滑走路に巧みに「銀河」を降着させた。

ツゲガラオには陸軍と海軍両方の地上員がいた。海軍には燃料がないので陸軍から分けてもらい、被弾なしの左翼タンクに注入。夜明けには敵機が来るからとせかされて、燃料のせいで重量が片寄って偏向走行するのをやり直し、不整地ゆえの激しい上下動にもかかわらず無事に離陸した。

台湾上空で濃霧に阻まれたが、陸軍の屏東《へいとう》飛行場に着陸できた。被弾で翼と尾部下面に破孔をうがたれた機を屏東に置いて、翌日、汽車で台南へ向かう。途中、小崗山《しょうこうざん》の一航艦司令部に報告に立ち寄ったら、司令長官・大西瀧治郎中将が出てきて、安藤少佐に「君はもう帰らんと思っていた。昨夜はリンガエンに〔爆発の〕火の玉が上がったそうだ」と語りかけた。

攻撃の結果はどうだったか。安藤機は機銃発射ボタンを押した直後に被弾したため、射撃は瞬時にすぎず、効果は不明だ。

しかし、リンガエン東方十数キロのダグパン飛行場を二番機（本来は三番機。三宅機のUターンで繰り上がり）が銃撃し、三ヵ所の炎上を報告した。これが「銀河」多銃装備機による唯一の確認戦果である。

ほかに三小隊がリンガエン北東三五キロのサンファビアン飛行場を爆撃。六ヵ所炎上を記録している。二小隊の西村信人中尉機ほか二機は、対空火器に落とされたらしく全滅した。大西長官が案じたとおりの、きわどい夜襲作戦だったのだ。

その後、攻撃四〇一飛行隊の戦法は破壊力が大きな爆撃だけに決められ、占位が難しい銃装機の作戦飛行はふたたび実施されなかった。

けれども、烈作戦に大規模に使われるはずだった「銀河」の武装は、時期的に見ても、七六五空司令部あるいは改修担当の第六十一航空廠から伝えられた報告を、航空本部が採用したものと思われてならない。

それぞれの「東海」

——これが対潜専用機の攻撃だ

試作は未経験のことばかり

日本の継戦能力を左右する、と述べて過言でない輸送船の保有量。開戦から昭和十七年（一九四二年）九月まで船舶（一〇〇総トン以上）の各月の喪失は平均六万三〇〇〇総トンで、一〇万総トンを超えた月はなかった。ところが十月は一六万二〇〇〇総トンに跳ね上がる。十一月も同様の喪失量を記録し、十八年一月も一三万四〇〇〇総トンが失われた。

急変の最大要因は、米潜水艦の活動にあった。そこで潜水艦の制圧に有効な対潜哨戒機の要望が上がり、航空本部から渡辺鉄工所へ試作発注がなされたのが、被雷の手痛さを味わったのちの十七年十二月。設計を終えたのは十八年八月である。

潜水艦を見つけやすいように、哨戒飛行をなるべく低速で実施し、航続力は一〇時間。速《すみ》やかに急降下に入れうる特性が求められた。当初は陸上機型に続いて、着艦フック装備の艦上機型とフロート付きの水上機型も望まれたという。

それまで小型水上機や練習機、他社機の転換生産に甘んじていた渡辺鉄工所にとって、初の攻撃用機で、しかも未経験の双発機たる十七試哨戒機、のちの「東海」の受注は画期的と言えた。略符号Q1Wから、社内では誰もが「キューワン」と呼んだ。

主任設計者の野尻康三氏は敗戦後まもなく、こう語っている。

「スパン（幅）が一六メートル、長さが一二メートル。わりあい長い（大きい）のです。操縦と航法と電探（電波探信儀）の三座ですが、Ju88のように、人間がみな前に出ている。対潜哨戒が目的ですから、見張りがよく利《き》くことが必要なので」

乗員配置は確かに、日本の他の三座機には例を見ない、ドイツのユンカースJu88A双発爆撃機からアイディアを得た特異な設計だ。そして乗員室を覆《おお》う風防と機首部の風防は、機体が二まわり大きなドルニエDo17Z双発爆撃機のものの縮小版だった。

「そもそも非常に低性能の飛行機なので（設計上の）問題はないが、潜水艦が目標ですから、急降下の開始速度の遅さを要求されまして、終速が一七〇ノット（三一五キロ／時）ぐらい。そのためにエアブレーキのフラップを九〇度まで折った（開かせた）。そのほかには変わったところはありません。途中で振動問題が出ましたが、フラップに大きな隙間《スロット》を切って、溝を二本つけた。それで振動も片付きました」

鎧戸《よろいど》のように後方へせり出しつつ機軸に直角の位置まで下がる、大面積のスロッテッドフラップが、空力面での最大の特徴。スロット付加により気流の剥離《はくり》を防ぎ、振動の発生をはばめた。

「航続力は、哨戒速度一二〇ノット（二二〇キロ／時）で八時間ぐらいだったと思います。増設槽（機内増加タンク）を付けて基地移動に使う場合、一二〇〇浬《かいり》（二二二〇キロ）程度です。対潜哨戒はスピードが遅くなければ、という思想はプリミティブ（旧弊）で、間違っていると思う。電探のような装置が非常に幼稚（で目視主用）だから、そういう要求にならざるを得ないのですが、高性能で早く哨戒したほうがいいように思いますね」

「潜水艦の攻撃は二五〇キロの爆弾二個。それに、翼に付いた二〇ミリ機銃一梃です。発動機の外側、片舷だけで、浮上潜水艦の掃射用なんですが。旋回機銃は、ラインメタル（MC15）を焼き直した（ライセンス生産した）七ミリ級（七・九ミリ）のが一つ。潜水艦掃射は操縦員、防御火器は電探の操作員の担当にしてあった」

量産とどこおる

昭和十八年十月、渡辺鉄工所は九州飛行機（九飛と略す）に改称された。

十二月に完成した十七試哨戒機は年内に、福岡市近郊の雑餉隈《ざっしょのくま》工場で、九飛の渡辺福雄社長以下の経営陣、野尻技師ら技術陣と海軍関係者が列席して、神主のお祓《はら》いで始まる完成式を催したのち、すぐに博多湾北岸に面した西戸崎《さいとざき》飛行場へ移して各種の試飛行にかかった。

上：昭和17年(1942年)12月、雑餉隈工場で完成直後の十七試哨戒機・試作第１号機。機首部はドルニエDo17Z、胴体のバランスはユンカースJu88Aのイメージが強い。下：西戸崎飛行場で十七試哨戒機の初飛行の準備が進む。両エンジンを発動させた機に向かって河野新一操縦士が近寄っていく。

五月に完成したばかりの西戸崎飛行場は、九飛の社用施設で、滑走路長が一〇〇〇メートルしかなかった。社のテストパイロット四名のうち、試作一号機の初飛行を担当したのは河野新一操縦士。未知の機の進空は、なにが起きるか分からない。Ｑ１に強い不安感を抱いていた河野操縦士は、自分だけが乗りこんで、偵察席と電信席には体重分の砂袋を積んだ。

まず試走（試しの滑走）を二回ばかりやって操作感覚をつかんでから離陸し、三〇分の飛行を終えて降りてきた。飛行中に風防の天蓋《てんがい》部分、すなわち乗降用の可動部が外れとんだが、操縦面での不具合は起こらなかった。

その後の一号機および二号機の試飛行で、片発の調速器《ガバナー》（プロペラ・ピッチ変更用）故障や片脚不出のトラブル発生時も、河野操縦士は冷静に対処し責務を果たした。低速ながら良好な操縦特性、垂直降下が可能にまで速度を殺せるフラップの効きのよさを高く評価し、戦後に「非常にいい飛行機だったと思います」と述懐している。

「両エンジンが同調しにくい、と操縦士からしばしば指摘されました」と語るのが、Q１の動力艤装班のトップを務めた西村三男さん。設計側が双発機の機構処理に不なれで、スロットルレバーからの接手《つぎて》が長いのが原因だったようだ。同調のほかは、動力関係にクレームは出なかった。

西村技師は西戸崎飛行場で、海軍側の領収飛行に同乗した経験がある。

「領収に来た少佐に『乗れ』と言われて。操縦する彼の右横（偵察席）に座りました。乗り心地の悪い飛び方で、腕は九飛のテストパイロットよりも劣る感じ。急降下に入ると視野のすべてが海です。引き起こすとき、目の前に迫る海面に衝突しやしないかと緊張しました」

ふたたび野尻技師の回想。

「〔生産機は〕香椎《かしい》工場で作りました。私は終始、〔雑餉隈の〕試作工場にいたものですから、試作の一〇機ほどのほかは生産を見ておりません。生産の進捗《しんちょく》が非常にまずく、軍需省の要求量の三分の一以下しかできなかったようです。日本中で代表的に製作の悪かった機種でしょう」

設計チームの幹部格の清原邦武技師が「左右のフラップを別々の油圧シリンダーで作動させるため、下げ位置がうまく合わず苦労しました」と語るように、低速急降下用の技術に手こずり、艤装の随所に不具合を生じて、製造は難渋《なんじゅう》した。

第二次大戦参加国で唯一の対潜専用制式機「東海」の、生産数は月に数機〜十数機、合計一五三機（うち雑餉隈工場で試作九機）にとどまった。九飛にとって初めてずくめの新機種は、野人タイプで率直な物言いの野尻技師の言葉どおり、ローカルメーカーのその時点での対応能力を超えていたようだ。けれども十九年春の量産移行と、二十年冬の「東海」一一型（Q1W1）としての制式化が、九飛に自信と活気をもたらしたのは事実である。

独特な探知装備

「東海」（以下この正式名称で記す）は索敵に三種の目を用いた。一つはもちろん搭乗員の肉眼。あとの二つが電波の目と磁気の目で、ともに新兵器だった。

電波の目は、H－6の別称でも知られる三式空六号無線電信機。「電信機」は〝偽名〟で、正体は機載用警戒（捜索）レーダーだ。昭和十七年の春に試作品が作られ、八月には性能が一応安定した改良試作品を完成。制式化後も改良が施され、空六号四型にいたって充分な実用品の域に達した。

波長二メートルの最大感度方式だから、英米軍が実戦に投入したセンチ波による等感度方式のレーダーとは有効性にかなりの差があるが、四発の飛行艇や双発の陸上攻撃機はもとより、単発の艦上攻撃機、水上偵察機にも装備できた。空中の飛行機も捕捉可能だが、主な探索対象は水上艦艇だ。

「東海」にとってレーダーの主目標は、言うまでもなく浮上潜水艦。相手が空母の場合は、高度三〇〇〇メートルを飛んでいて前方七〇～九〇キロまで探知しうるが、ぐっと小型の潜水艦だと飛行高度五〇〇メートルで前方二二～二五キロが限度だ。側方はその一五～二五パーセント減になる。これらのデータは横須賀航空隊がテストした実測値で、装備機種により探知距離が若干異なった。

九飛の技師だった野尻氏は「初めの電探の波長は二メートル。あとで一メートルのに取り換えるという話でしたが、その新電探ができないうちに戦争が終わってしまった」と語っていた。彼の言葉に該当する新型レーダーは十九試空一号電波探信儀一〇型（別称N－6）で、重量はH－6の半分の六〇キロ（四五キロ？）に収まったが、使用面で実用実験の域を出なかった。

レーダーは水中の潜水艦には無力である。潜航中の敵を捕まえるには、水を通らない電波ではなく、磁気を応用せねばならない。

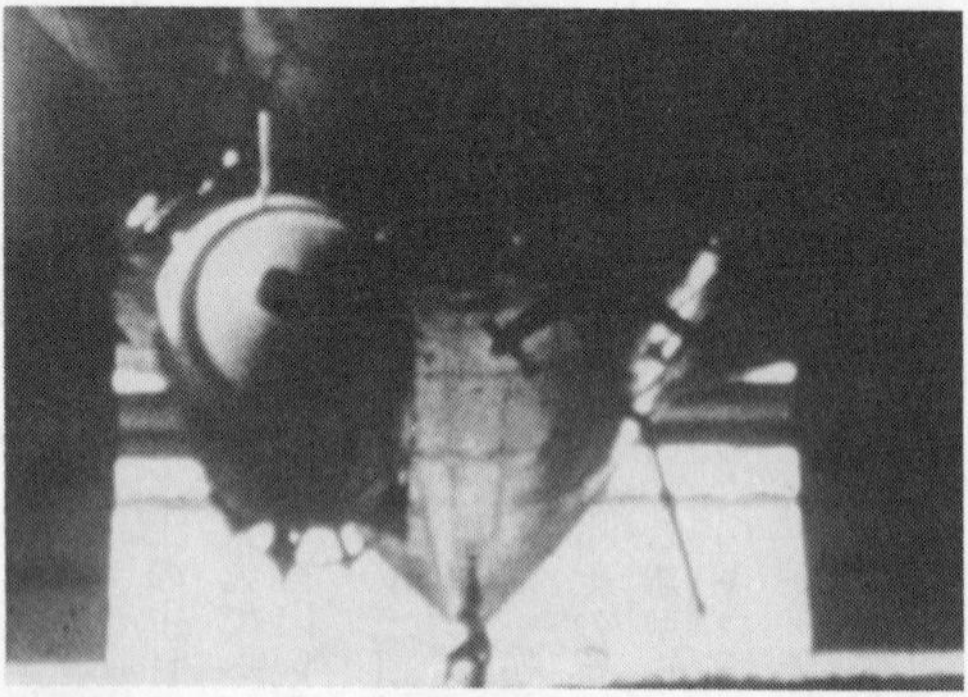
胴体下に１発だけ付けた対潜用の一式二十五番二号爆弾一型（261キロ）。画面両端の板状のものは90度開いたフラップ。

鉄でできている艦船は例外なく磁気を帯びているから、周囲に固有の磁場を形成する。磁気探知機を積んだ飛行機が洋上を飛び、潜没中の潜水艦のためにできた磁場による地磁気の変化から、位置をつきとめる方式である。

原理を書くのは簡単だ。しかし、潜水艦の磁気の数千倍に達する強力な地磁気への対策、飛行機の胴体に流れる環状電流がもたらす雑音の除去など、解決しがたい難問が、実用化を妨げた。

古参上級者たちからの実現不可能と決めつける声を浴びながら、航空技術廠・計器部に勤める三十歳未満の若手技術者チームの、不休の努力が結実して、基礎研究着手から一年半後の十八年十一月、三式一号磁気探知機の名で制式採用にこぎつけた。通称をＫＭＸと言う。

米海軍でも、同一原理によるＭＡＤを対潜作戦に用いたが、そんな情報は入って来はしないから、関係者はみな磁探が日本独自の兵器と思いこんでいた。

磁気は水や空気の有無を問わない。だから潜水艦がどの深さに潜っても、磁場のようすは同じだ。また、探知距離は飛行高度と潜没深度の合計で、両者の割合に影響されない。

使用状況は零式水上偵察機の場合なら、KMX装備機が敵潜の上空を飛んで、装置が感応すると、磁探を操作する電信席の受聴器が鳴る。同時に操作盤の検流計の針が振れ、風防枠に付いたブザーが響く。間合を置かず目標指示弾が自動的に（手動ともいう）放たれ、敵潜がひそむ海面がマークされる、という手順。九六式陸上攻撃機や九七式艦上攻撃機でも大同小異だった。

横空での実用実験で、小型の呂号潜水艦に対する探知距離は最大で一〇〇メートルとされた。米主力潜水艦のトン数はその一・五〜二倍なので、もう少し距離をかせげるだろう。

実験終了時の十八年十一月末、軍令部、横空、航空本部、空技廠が出席しての審議会で「探知距離僅《ワズ》カニシテ其ノ価値重カラザルモ、潜没潜水艦ヲ探知シ得ル唯一ノ兵器ナルヲ以テ、現戦局ニ鑑《カンガ》ミ之ヲ実用ニ供スルコトトス」の総合所見が出された。「性能は知れているが、これしかないから仕方がない」という、若者たちの努力への高飛車な結論の感がある。

KMXの採用時から「東海」への装備は決まっており、実機に取り付けて十九年四月に西戸崎で完成審査が実施された。ところが、機体そのものに不具合が多くて量産が進まず、磁探付き「東海」が完成し始めたのはようやく年末からで、敗戦までの領収磁探機は六〇機ほどに止まった。

飛ばして分かる飛行特性

紀伊半島南端の串本航空隊で、零式と九四式の三座水偵を駆って船団護衛にあたっていた、海兵七十期出身、飛行隊長になりたての森川久男大尉は、昭和十九年十二月に大分県の佐伯空に転勤した。

「着任したとき、佐伯には一二機以上の『東海』があった。それ以前の九月に対潜の合同訓練でここを訪れたときに、すでにこの機が置いてありました」

横空で実用実験を進めた「東海」の、訓練組織が佐伯空に設けられた。司令部付《づき》の職名をもらった森川大尉は、ここで「東海」の指揮官要員として操縦訓練をこなすのが任務だった。飛行学生時代に九三式中間練習機をやったから、陸上機の感覚は分かっていた。

「まず一～二回の同乗飛行で『東海』を教わりました。双発の同調はとくに困らなかった。スロットルレバーの加減で〈機首の〉向きを変えられるので便利。ただ座席のすぐ横がプロペラの回転面なので、胴体着陸のさいにエンジンが曲がったら切られそうで、気持ちが悪い。フットバーが機首風防〈の空間〉に少し食いこんでいて、自分の前は全部が風防の感じ。敵潜は前下方に見つける場合が多いから、これは有利ですよ」

「飛行特性に不満はありません。着陸時、最後の引き〈機首上げ〉の舵の効きがちょっとよくない。着陸速度が八五ノット〈一五七キロ／時。「彗星」のカタログ値より大〉もあり、〈最大速度や翼面荷重との」比率からいけば失速が少し早すぎます」

　戦中と戦後、軍用機のパイロットを務めた森川さんの評価は的確だ。

　彼よりも飛行経験が浅い操縦員は、どう感じたのか。十九年の秋に佐伯空に着任した、第十三期飛行専修予備学生出身者二名に聞いてみよう。

　艦上爆撃機専修、第三〇二《さんまるふた》航空隊で夜間戦闘機型の「彗星」に乗っていた坪沼英雄さん。

「先着の同期生から習いました。同乗は二〜三回です。やりにくい飛行機ではなく、難しいのは二つのスロットルレバーの加減だけ。足元の視界が広いのはよかった」

　性能表の最大速度三三二キロ／時も巡航速度二四〇キロ／時も、坪沼中尉の以前の搭乗機「彗星」の半分あまり（五六パーセント）でしかなく、同時期の日本の攻撃用機で最低速の「東海」は「とにかく遅い飛行機でした」。

　台湾の新竹とマレー半島ペナンで九六陸攻に慣熟した、佐伯実少尉が佐伯に来たとき、「東海」を見て「Ｊｕ88の模倣か。ドイツからもらったな」と直感した。飛行機好きで、かねて航空雑誌で見て、ユンカースの双発機を知っていたからだ。

　着任当初は十七試哨戒機と呼んだ。改良されきった九六陸攻に比べ、初めのうち根本的な故障が生じがちな「東海」を、佐伯さんは「個人的には好きじゃない」と言う。

「九六陸攻に比べ、安定感がまるっきり違う。操縦性、運動性がよくないのは、パワーが乏しいせいでしょう。着陸もやりにくい飛行機」

兵器整備の堀江伸雄少尉。近眼だが航空記録簿を持つほど乗って教育にあたった。

着速は高速戦闘機に等しい一五〇キロ／時、との記憶は森川氏とほぼ同じ。航空本部が出した性能表の六九・五ノット（一二九キロ／時）とは二〇〜三〇キロ／時もの開きがある。カタログ値の現実離れは、珍しいケースではない。

偵察員にとっての「東海」を、やはり十三期予学の竹川斉《ひとし》さんに尋ねよう。竹川少尉はそれまで横空で零水偵で飛んでいた。

「対潜哨戒には『東海』がいいですね。視界がだんぜん広いから。もう一つは座席配置。零《ゼロ》水《すい》は縦に三人が並んで伝声管で話しますが、『東海』は操・偵が並列ですぐ後ろに電信員がいる。顔を見合わせて話すほうが、表情が分かって意思が伝わりやすかった。磁探の訓練も佐伯で受けました」

磁探については、専門の士官がいた。十三期予学と同格《コレス》の、第七期兵器整備予備学生出身の堀江伸雄少尉だ。追浜《おっぱま》空でH－6電探を学んだのち、KMX製作会社の東芝・柳町工場（川崎市）で実習。ただでさえ少ない兵器整備士官の、そのまた少数の電探・磁探専修者として、舞鶴空で水偵に搭乗して実戦兼務の教育にあたった。

「扱い慣れると電探も磁探も精度が高まる。どちらも有効な兵器です。舞空《まいくう》勤務時の十九年九月に零水で対潜攻撃に出て爆撃し、（敵潜から流出の）油紋を確認しました」

堀江少尉は搭乗員ではないのに、舞鶴空在隊の五ヵ月間の飛行時数は一三〇時間近くに及んだ。年末、開隊直後の第九五一《きゅうごおいち》航空隊（後述）に転勤し、その後に森川大尉の指揮下に入る。

拠点を済州島に

済州島は東シナ海、黄海、日本海の接点に位置する、対潜作戦の要衝である。

森川大尉は昭和二十年二月十日、佐伯空司令からこの島へ進出の内示を受けた。五日後、九五一空分隊長に肩書きを変えた大尉は、同じく九五一空に転勤した部下たちと、電探機と磁探機六機ずつ、計一二機の「東海」を率いて済州島南西岸の摹《も》瑟浦《しっぽ》基地へ飛んだ。済州島派遣隊の人数は、搭乗員三六名を含んで約二〇〇名。ほかに哨戒機仕様の二式中間練習機六機・一〇〇名ほどが以前からいたが、のちに朝鮮半島南部の群山へ移っていった。

九五一空付の航空参謀に「指揮官要員の後任者はいないから、任務飛行（作戦飛行）で乗るな」と釘を刺されてきた森川大尉は、運用・指揮に全力を注いだ。

「単機行動の電探・月視哨戒は、午前四時〜四時半に起床し、三〜五機が暗いうちに離陸します。哨戒コースの先端でターンするころ東の空が明るくなる。夜は午後六〜七時に発進、先端へ行くまでに日が暮れる。帰投（「帰港投錨」を略した帰還の意味の海軍用語）は十一時

九五一空・済州島派遣隊の「東海」一一型が、二十五番対潜爆弾を１発付けて摹瑟浦基地で待機する。夜間飛行にそなえ、機体全体が黒または黒緑に塗られた。20年２月下旬に写す。

ごろですね。どちらも浮上中の潜水艦を捕まえるのが第一のねらい。哨戒中に敵を見つけ攻撃した機からの報告を受けて、とりあえず一機をすぐに追及させます」

「その後、三〇分以上かけて準備した磁探機六機を、できれば一度に出す。少なくともまず三機、続いて三機。磁探の覆域が狭いので、単機では使えないからです。六機が各機二〇〇メートル以上の間隔をとって雁行で索敵し、感応したら信号拳銃を撃って知らせる。このあと三機が敵捕捉のハンター、もう三機はその後上方に位置しキラーとして投弾します」

「東海」一一型の主攻兵器は、二六〇キロ強の一式二十五番二号爆弾一型。性能表には、この対潜爆弾を二発積めると記されているが、実際には一発だけだった。「天《てん》風《ぷう》」三一型エンジンの出力が公称四一〇馬力と小さいので、二発は無理なのだ。

一二機しかない保有機を有効に使うには、まず可動率を高める必要がある。二五飛行時間ごとの小点検で、気筒のピストンリングの摩耗、折損が多かった。三月に空技廠へ出向いた森川大尉は、直談判で良質のリング三〇〇個を入手。これでエンジントラブルが激減した。燃料は佐世保の九五一空本部（司令部）に、毎月二〇万リットルの補給を頼んであった。船載でとどこおりなく運びこまれたため、不足して困るような事態は生じなかった。

同時に横空の副長と航空本部の課長に、一機に電探と磁探の両方の装備を訴えた。課長の大佐から「聞き置く」との返事を得たが、実現には至らなかった。

済州島派遣隊はH－6、KMXほかに、第三の探知装置と目されたC装置を作戦飛行で使った。基地から中波電波を発射すると、潜没潜水艦の直上で干渉波を生じ、受信機の感度が変わる現象を応用したもので、確たる理論に基づいてはいない。九六式空二号無線電信機に付加装置を付けるだけだから、どの「東海」にも応用できた。

済州島から哨戒に一一回、対潜攻撃・掃討に六回も出動した異色の兵器士官の堀江中尉（三月に進級）は、哨戒を兼ねたC装置の実験飛行で三回同乗している。

「三〇メートルぐらいだったかC装置用の長いアンテナを、風防から外に流したり、無線機のアンテナに添わせたり。実用テストで飛行したが、敵潜は引っかからず、アイディア先行の感がありました」

米哨戒機に敵《かな》わない

佐伯さんが語る対潜爆撃。

「東海」と士官搭乗員。手前は左から滝川弘美、竹川斉少尉。後ろ左から山崎淳少尉、派遣隊長・森川久男大尉、寿崎敬二、加藤喜一郎少尉。機首に敵潜撃沈マーク。

「哨戒高度の三〇〇〇メートルで敵を発見。フラップを下げると、急ブレーキがかかった感じです。まっさかさまに思える七〇度の降下に入れ、一五〇〇でヨーイ、一〇〇〇でテーッ。潜航直後の爆撃になります。逆立《さかだ》ちのように潜り、一八〇度ひねって沈んでいく敵潜もあった。爆弾はうっちゃられたかたちで『遠』になってしまう」

「爆撃は五回ほどやり、確実な手ごたえは得られなかった。みな目視で見つけました。翼に二〇ミリ機銃が一梃あったが、撃った経験はありません」

磁探の用法について、竹川さんが説明してくれる。

「精度はあまりよくなかったが、潜水艦を探すには電探よりいい。直上に行くと感知し、ブーッと音で知らせます。すぐに目標弾を落とし、くり返せば敵の針路が分かる。六機がつぎつぎに爆撃。後日、同じ場所を飛んで、油が出ていれば撃沈と見なされます」

「磁探も電探も電信員が担当しました。偵察員は航法をやらなければ」

坪沼さんも進級直前の昭和二十年二月末に、磁探で捕捉、攻撃した経験をもつ。

「竹川少尉とペアのときです。乗機を傾けて、投下した爆弾の炸裂を見ました。海中でオナラをしたようにボコーンと。打ち上げ花火の開花と言いましょうか。音は聞こえないが、衝撃波が機体にビリビリ響いた。投弾はこの一回だけ」

「上海寄りの空域で一〇〇メートル以下の高度で索敵中に、PB4Yに追われたんです。敵機はななめ後方。海面すれすれまで下がって一目散に逃げたら、やがてあきらめて帰っていった。つかまれば落とされる、という気持ちをいつも抱いていました」

ドイツからのライセンス生産品で、ラインメタルと呼んだ一式七・九ミリ旋回機銃を、偵察員も撃てるように増設改修した。しかし耐弾装備が充分で、一〇〇キロ／時以上も優速、一二・七ミリ機銃一二梃の、コンソリデイテッドPB4Y「プライバティア」四発哨戒機が相手では、勝負になりはしない。双発飛行艇にしては強武装

日本艦船を求めて朝鮮半島の南海上を哨戒するPB4Y－2。12.7ミリ機銃を12梃も備え、「東海」では歯が立たなかった。

の、マーチンPBM「マリナー」飛行艇も脅威《きょうい》だった。たいていは低速機を用いる対潜哨戒には、制空権が必須なのである。

済州島派遣隊は二十年五月、九五一空から九〇一《きゅうまるいち》空に編入されたが、隊の規模と任務、主要人員に変化はなかった。七月中旬、鳥取県美保基地への移動を命じられ、月内に六機、八月上旬にも六機を向かわせた。

摹瑟浦からの五ヵ月間の作戦で、確実撃沈と判定された敵潜は七隻を数えた。森川大尉が撃沈のマーク表示を考案し、一隻沈めるごとに全機の機首に描いた。手柄は隊全部のもの、という発想からだ。対潜作戦で一人の戦死者も出さなかったことも、特記に価しよう。

本稿執筆から一八年さかのぼった平成二年（一九九〇年）、取材で訪問した筆者に、森川さんはこう述べて談話を締めくくった。

「『東海』は艤装品はいまひとつだが、全体に対潜哨戒機としてとてもいい飛行機でした」

そう評価できるだけの実績を、済州島派遣隊は残したのだ。

零戦と五十番爆弾

──爆撃機としてのゼロファイター

第二次大戦の日本軍の単発戦闘機が、欧米の同型式機から大きく差をつけられた能力に、爆弾搭載・運用力があげられる。

フォッケウルフFw190、ノースアメリカンP－51、リパブリックP－47、グラマンF6F、チャンスボートF4U、ホーカー「ハリケーン」、ホーカー「タイフーン」はもとより、小型で主車輪間隔が狭いメッサーシュミットBf109やスーパーマリン「スピットファイア」も、二五〇キロ／五〇〇ポンド級の爆弾を付けて、地上攻撃に出動した。日本の単発戦闘機だけが対応しなかった、戦闘爆撃機としての用法である。

日本に戦闘爆撃機が育たなかった理由の一つに、小規模爆撃を主務とする艦上攻撃機・爆撃機／単発軽爆撃機・襲撃機の普遍的な存在があった。けれども、優速、高機動力、強武装の戦闘機が爆撃を受けもてる利点が大きいのは、言を待たない。

主たる原因は、人員と機材がそうした能力を備えていなかったからだ。対地・対艦攻撃の技倆は容易に戦闘機パイロットの身につかず、重い爆弾を付けて反復使用しても痛まない機材を用意できなかった。エンジンの余力もとぼしい。

結局、日華事変から太平洋戦争の後半戦まで、海軍戦闘機は三番（三〇キロ）または六番（六〇キロ）爆弾、陸軍戦闘機は五〇キロ爆弾を、やらないよりはマシな二義的任務にいくらか使う程度にとどまった。世界の趨勢《すうせい》からは、むしろ異常と見なされる事態だろう。そして海軍の運用頻度《ひんど》は、確実に陸軍を下まわる。

日本戦闘機による初の二五〇キロ爆装が実行されたのはマリアナ沖海戦で、零戦が用いられたが一時的な苦肉の策。ついで始まった人機もろともの特攻攻撃は、他国に類例を見ない特異きわまる爆弾使用法だった。

小規模の爆装に始まり、ついには単発戦爆に異例の五〇〇キロ爆弾を付けて、敵艦への必死突入をめざす零戦の様相を、実例によって記述してみたい。

六番一六発が第一撃

少数の例外はおいて、零戦に爆弾を付けて組織的に用いたのはソロモン諸島の攻防戦だ。米軍が諸島南部のガダルカナル島に上陸して一〇ヵ月後の昭和十八年（一九四三年）晩春、戦場は中部ソロモンに移っていたが、敵主力基地はいまだガ島にあった。ラバウル、ブーゲンビル島ブインから一式陸攻、九九艦爆が零戦の掩護《えんご》下に空襲をかけ、結果は被害のみ多かった。

鈍足で反撃不能な陸攻、艦爆のかわりに、投弾後は空戦しうる零戦に爆弾を付けて進攻する策を、思いつくのは自然の流れだ。設計時から零戦の翼下には三番か六番爆弾二発の搭載が考慮されている。第二〇四《ふたまるよん》航空隊の搭乗員は「投弾により爆撃機が来たと敵に思わせ、釣り出す」と教えられた。この戦法は司令の賛同を得て実施が決定する。

ガ島方面の敵機、敵艦船をたたく、零戦のみでの航空撃滅戦・ソ作戦は六月三日に発令。南部ソロモンへの距離を詰めるため、二〇四空はブイン（五八二《ごおはちに》空は進出済。「ごおやあふた」が慣用の読み）、二五一《ふたごおいち》空はブカ島に前進する。

二〇四空だけが二個小隊に爆弾の搭載を予定し、飛行隊長・宮野善治郎大尉がみずから指揮を買って出た。前月から四機の米軍流（もとはドイツ空軍流）小隊編成の試行を始めていたので、爆装は八機だ。零戦は主翼を再延長した二二型。

「翼端を落とした三二型に爆弾を付けたら、安定が悪くて飛行に無理が出る」。爆装の第一小隊、宮野大尉の四番機についた柳谷謙治さん（当時二飛曹）は語った。

第一次ソ作戦は六月七日。五八二空の第一突撃隊二一機と二五一空の第三突撃隊三六機、そして二〇四空の第二突撃隊二四機、合計八一機の零戦が、朝の南部ソロモンへ進撃する。二〇四空では八機を「爆戦」「爆装機」と呼んだ。爆戦は爆装戦闘機の略称だ。

黎明の飛行場で九七式六番陸用爆弾を主翼下に取り付けた零戦二二甲型が試運転中。報道班員の撮影で、ソ作戦時の状況と一致する。昭和18年（1943年）6月7日、ブーゲンビル島ブインでの出撃前の画像とも考えられよう。

爆弾は時期と用法から、九七式六番陸用爆弾に違いない。全長ほぼ一メートル、直径二〇センチで、重量の六〇・五キロはまさしく六番。重量の四割弱を下瀬火薬（改一は九八式爆薬）が占め、厚さ二〇センチのコンクリートを打ち抜く破壊力があるから、多数を要所に落とせばそれなりの成果を期待してもいいだろう。

高高度の八〇〇〇メートルで迫った爆戦八機の巡航速度は、小型弾二発では大して低下しない。だが、爆装中は戦闘機としての機動をとれないので、二〇四空の残る一六機が直掩でも、柳谷二飛曹は「敵戦闘機に襲われたら、やられる覚悟」を決めていた。投弾後の敵戦回避も難事なのは、この時期に南東方面で戦った零戦乗りなら周知である。爆戦搭乗員の心境を知れる、まさに最初の事例だろう。

ガ島の一四〇キロ手前のガッカイ島上空で第11戦闘飛行隊のグラマンF4F-4と空戦開始。さらに八〇キロ飛んでルッセル島の空域で、F4F、F4U、カーチスP-40F、「キティホーク」Ⅲ（ニュージーランド空軍機。P-40K、Mと同等）合計約一〇〇機との戦いに入った。敵は爆装の二一型を九七艦攻と見なしたから、日本側の作戦は的を射たのだ。

ルッセル島に向けて降下するうちに、爆戦編隊の機首が浮いて降下角度が浅くなる。高度五〇〇〇メートルで隊長機に続いて投弾した柳谷二飛曹の、右手と右大腿部が敵弾を受けた。鮮血にまみれながらも、日本軍最前線のガッカイ島にかろうじて不時着。二小隊でも二機がやられて、日高義已上飛曹と山根亀治二飛曹が戦死している。

八機全部が投弾しても、六番一六発では破壊効果は知れている。囮《おとり》役の面では、なにがしかの価値を生んだかも知れないが。

零戦の損害は未帰還九機と大破五機（柳谷機を含む）で、対する敵は第112海兵戦闘飛行隊のF4U－1被墜四機と第347戦闘航空群のロッキードP－38F被墜一機（ほかに不明機を事故で二機喪失）だから、空戦に関しては負け戦《いくさ》だ。

この日の戦訓として、無線電話の性能向上のほかに、爆戦の戦闘機用爆弾投下器の抵抗改良があげられた。五日後の第二次ソ作戦には爆戦を仕立てていない。その後しばらくは使われず、損害に気落ちしたとも思える。

空母に積まれた爆装零戦

十八年後半、南東方面の戦局は悪化が続いた。ソ作戦から半年後の十二月十五日には、北東端にラバウルがあるニューブリテン島の、西部南岸のマーカス岬に米軍が上陸。

ラバウルの洞窟内にストックされた九七式六番陸用爆弾。
風車と発火装置、信管は外してあり、使用時に付ける。

戦力回復のためラバウルからトラック諸島にもどっていた第一航空戦隊（空母「瑞鶴」「翔鶴」「瑞鳳」）では、選抜搭乗員二〇名の「瑞鶴」戦闘機隊ラバウル派遣隊を、十二月十日（十五日？）に再度ラバウルへ送りこんだ。基地は市街の南南東にあるトベラで、二五三空の指揮下に入る。

五ヵ月前の七月なかばに一航戦戦闘機隊が内地からトラックに進出したとき、初めて四機編隊での飛行を採り入れ、一キロ演習爆弾を付けて降下角三〇度の爆撃訓練を試している。ソ作戦から一ヵ月後で、作戦時の効果が有効と評価され、一航戦司令部に演練の指示が出たからだ。

「瑞鶴」戦闘機隊は十二月十六日夕刻の上陸用船団攻撃のため、マーカス岬沖へ出動した。九九艦爆を守る零戦は五五機と記録され、うち八機が九七式六番の爆装だったという。八機ともが「瑞鶴」戦闘機隊かは判然としないが、杉滝巧《たくみ》一飛曹機（二一型か二二型）は翼下に二発を付けていた。

降下に入った杉滝兵曹は、船舶は二十五番を持つ艦爆に任せて、上陸地点とおぼしきあたりの車輌、人員をねらった。六番の標的として、理に適《かな》っている。高度五〇〇メートルで投下して、銃撃しつつ低空を飛びすぎた。やや離れた空域に第348戦闘航空群のP－47Dがいて、掩護の零戦隊と空戦に入ったのは、彼の目に留《と》まらなかった。

この作戦はごく小規模なうえ、基地に移っていたため、空母爆戦隊の存在意義を語るには及ばない。だが、さらに半年後のマリアナ沖海戦には相当規模の本格爆戦が投入される。

空母九隻・四三九機の日本海軍と、空母一五隻・九〇四機の米海軍が対決した、マリアナ諸島西方海域での最大規模の空海戦。ここに爆装零戦が使われた発端には、ラバウルでの爆戦の試用があったと言えよう。

十九年二月に「千代田」「千歳」「瑞鳳」の小型空母三隻で、第三航空戦隊が編成された。搭載する爆撃機が、滑走距離が長い「彗星」では発着艦できず、九九艦爆だと劣速で戦えないため、分載される六五三空の艦爆隊機に爆装零戦が決まった。

当初はラバウル当時と同じ六番二発を予定したが、対大型艦用に六番では無意味なため、三航艦司令部が二十五番（二五〇キロ）爆弾へ変更の意見具申が出て変更され、零戦二一型の翼下に付けた小型爆弾投下器（戦闘機用）を、九七式中型爆弾懸吊鈎の胴体下装備に変える改造が決まった。

零戦の爆撃戦法は、三航戦で「特殊攻撃」と呼ばれた。特攻の類ではなく、〝異色な攻撃〟の意味だ。ラバウルでは「爆戦」と言われたが、第一機動艦隊はマリアナ沖海戦後まで

19年6月のなかば、マリアナ沖海戦を間近にひかえて、空母「隼鷹」の飛行甲板に第六五二航空隊の零戦五二型の爆音が満ちている。後方の3～4機が両翼下に増槽を装備した二一型の戦爆で、主翼前縁に銃口が見られない。

「戦闘爆撃機」を縮めて「戦爆」と称し、正式書類にも記入している。戦闘よりも爆撃が主体、の意味をもたせたのだろう。

三航戦は艦爆を積まず、艦攻は二七機だから、合計四五機の戦爆が攻撃力の中心に置かれた。したがって訓練は降下爆撃に集約され、空戦機動の教練は無視された。大半が艦爆か艦攻の操縦員なので、敵艦戦につかまれば対抗しようがない。帰投時の航法訓練も省かれたから決死攻撃に等しく、三航戦司令部では戦死者の二階級特進を考えていたようだ。

正規空母三隻の一航戦は、六〇一空の「彗星」一二型七〇機、九九艦爆二二型九機を搭載し、計一一機の爆戦は補助戦力だ。軽空母三隻からなる二航戦の六五二空も、順に二一機、二九機、二七機であり、降爆の主力とは言えない。戦爆操縦員は三航戦と同じく艦攻、艦爆からの移行だが、二航戦では空戦訓練を実施し、一航戦も同様だったという。

零戦二一型に積むのは九九式二十五番通常爆弾一型だ。通常爆弾は艦船攻撃用を示す。円

零戦に搭載した爆弾
（同率縮尺）

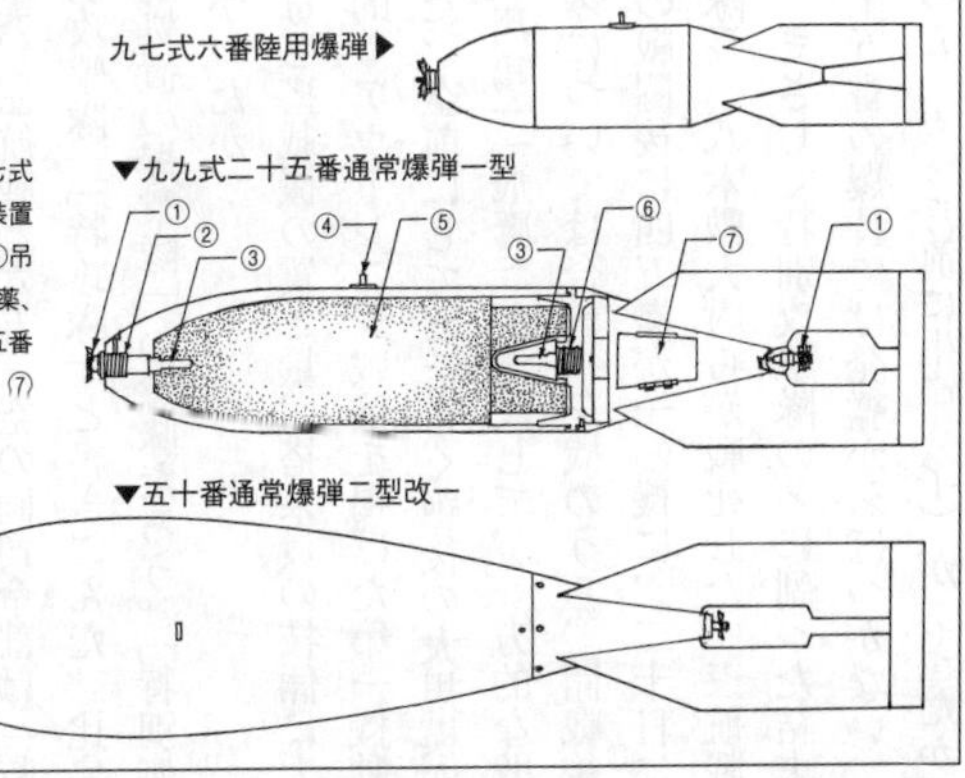

筒形、全長一・七四メートル、直径三〇・四センチ、全重量二五一キロで、九一式爆薬六〇・五キロを内蔵する。

胴体下に一発搭載のため、小型の増槽（容量一五〇リットル？）を両翼に付けた。標準の増槽（三二〇～三三〇リットル）装備に比べて、爆装二一型は三〇〇キロほど重量が増す。九九式一号二〇ミリ機銃二梃と弾薬包二〇〇発などを除けば約九〇キロ減るから、増加分の二一〇キロは操縦技倆で対応するしかない。空母の飛行甲板が最も短い三航戦の、六五三空が早期に空戦訓練を放棄した要因がここにもあったかも知れない。

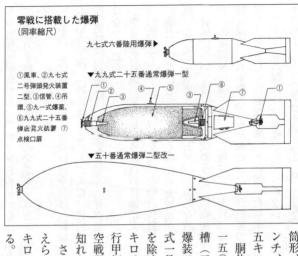

さらには七・七ミリ機銃二梃も外したとも考えられる。弾丸計一三四〇発と合わせて約七五キロの減少だから、増加分は一三五キロに留まる。艦攻操縦員はもとより、多少の空戦能力を

もつ艦爆操縦員でも、グラマンＦ６Ｆからはまず逃げ切れない。それなら固定武装をなくして発艦力を高めるべき、との発想だ。戦死後の進級が、のちの特攻隊に等しい点に納得がいく。

事実、三航戦と六五三空の両司令部は「特殊攻撃」から一歩進んで、戦爆隊を戦闘詳報に「特別攻撃隊」「特攻隊」と書きこんだ。比島沖海戦以降の爆弾もろともの必死隊ではなく、「特別処置の爆撃隊」の意味だろう。「特別処置」の意味するところは「機銃なしの戦爆」ではなかったか？

空母と搭載機の質と量、搭乗員の技倆に大差があり、相手の攻撃圏外から一方的に攻める夢想的なアウトレンジ戦法を掲げた第一機動艦隊が、第58任務部隊に挑んだのは六月十九日の朝だ。空前にしておそらく絶後の大規模空母決戦は、ほとんどがこの日に実行され、「大鳳」「翔鶴」「飛鷹」が沈没して、一方的な敗北を喫した。

戦爆については合計八三機のうち、開戦後の残存はわずか九機。三航戦だけを見ると、十九日の戦闘後に四五機が一〇機に、二十日には四機へと減って、九割以上を失い、六五三空特攻隊長・八木勲大尉らが戦死した。三航戦の空母は沈没せず、損失機は出撃した分の未帰還だ。まさしく特別攻撃隊の名に副《そ》った結末と言える。

二十五番の爆装では発艦がおぼつかない二一型を使ったのは、中島製の新しい機（マリアナ戦の五～六ヵ月前に生産終了）があったからだ。より強馬力で任務に合った三菱製の二二型は、もっと古くて（同一〇ヵ月前）数もそろわなかった。

決死攻撃から必死攻撃へ

米軍のレイテ島上陸直前の十九年十月十八日、連合艦隊司令部はフィリピン決戦を開始する捷一号作戦発動を下令した。マリアナでの第58任務部隊よりも搭載機を二割も増した、強力無比な第38任務部隊に対し、微力な日本空母艦隊は囮役でしかなかった。

第一機動部隊・三航戦の「瑞鶴」ほか三空母に積まれた六五三空主体の合計一一六機のうち、戦闘一六六の二八機が零戦五二型を爆装した「戦爆」（と呼んだ）で、「彗星」は艦偵用の七機だけ。自重で二一型より八〇キロ重く、翼面積が小さな五二型の戦爆を小型空母で使う以上、二〇ミリ機銃の除去はまず必要だろう。同じ九九式二十五番通常爆弾一型を搭載するが、発艦は二一型爆戦よりよほど難しい。

四ヵ月前のマリアナ沖海戦で「特攻隊」が零戦に二十五番を付けたのは、海軍中枢に位置する連合艦隊司令部職員や軍令部部員のいずれにも、確然たる記憶があったはずだ。

比島沖海戦初日の二十四日、艦爆、艦攻操縦員が乗る戦爆一九機が出撃。彼らは空戦教練を受けておらず、敵艦戦には歯が立たない。それでも半数は帰投したようだが、翌日以降にほとんどが失われた。戦果は不明である。

一方、比島航空決戦の海軍主担当は、飛行場に展開する第一航空艦隊（第五基地航空部

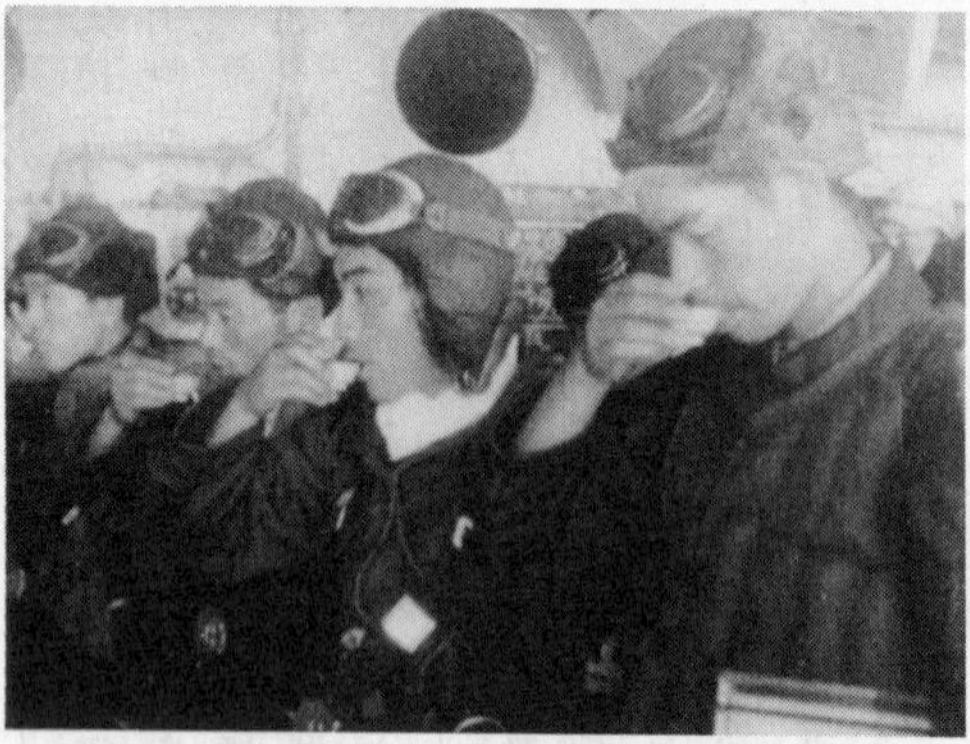

10月24日の午前７時半ごろ、「瑞鳳」艦内で出撃前の別杯を交わす。中央が六五三空・戦闘一六六（戦爆隊）の鈴木文夫大尉。

隊）だ。東京から十七日にマニラの艦隊司令部に着任した司令長官・大西瀧治郎中将は、十九日にクラーク地区・マバラカット基地にある二〇一空司令部で、部隊幹部らと面談した。

米航空戦力にはるか及ばない戦力を補うため、すでに大本営海軍部から体当たり攻撃を了承されていた大西中将が「（栗田艦隊の来援まで）一週間ぐらい、空母の甲板を使えないようにする必要がある」と切り出した。ここにもマリアナ戦の「特攻隊」が感じられる。

「それには、零戦に二五〇キロの爆弾を抱かせて体当たりをやるほかに、確実な攻撃法はないと思うが」

このセリフは、居合わせた一航艦主席参謀・猪《いの》口《くち》力平中佐の回想記、「神風特別攻撃隊」にある記述だ。全篇を通じて著者たちの自己弁護がにおう筆致だが、経験部分の状況説明にひどい歪《ゆが》みはないと思う。

同席の二〇一空副長・玉井浅一中佐が、となりに座る二十六航戦主席参謀・吉岡忠一少佐にたずねた。
「二十五番の体当たり攻撃で、どのくらいの効果があるのか？」
「〔正規〕空母の甲板を破壊して、一時的な使用停止にはできるでしょう」

上：サマール島沖で敷島隊機（隊長・関行男大尉機といわれる）が突入し、護衛空母「セント・ロー」の爆発をもたらした。10月25日。下：マニラ湾沿いのロハス大通りで発進待機中の零戦五二型特攻機。胴体下は九九式二十五番通常爆弾一型。

「零戦に二五〇キロの爆弾」が決定して、二〇一空で選ばれた「体当たり機」は二四機。まもなく特攻機と呼ばれる零戦は、戦爆とも爆戦とも呼ばれなかった。人・機・弾が一体の破壊兵器だった。

中部フィリピンのセブで十月二十一日に始まった特攻出撃は、南部のダバオ基地から続行し、二十五日以降はクラーク地区が過半を占めた。二〇一空で選出の第一神風特攻・敷島隊五機が同地区のマバラカット基地を発進し、護衛空母群第77・4任務群の軽装空母「セント・ロー」を沈めたのは二十五日だ。

特攻機の突入を陸海軍とも特攻攻撃と称した。零戦は機数が多く、単座で、操縦しやすい性能なので、日本軍で最多数機が特攻に使われた。フィリピン決戦で散華した零戦二一型と五二型の特攻機は約三三〇機（少数は台湾から出撃）。これが通常の爆装でまとまった運用をなしえたなら、有効でなかったにしろ、日本海軍に戦闘爆撃機の組織ありき、と航空史に残ったのだが。

搭載したのは大半が、前述の九九式二十五番通常爆弾一型だったようだ。貫徹力よりも炸裂力を重視した、旧式の二十五番通常爆弾二型（年式なし。紡錘《ぼうすい》形。全重量二五七キロ、全長一・八一メートル、下瀬火薬一一一キロ）の使用状況は分かっていない。

五十番ではただ飛ぶだけ

必死攻撃の「戦闘爆撃機」、すなわち零戦特攻機にとって第一段階の戦場はフィリピンで、第二段階が沖縄を中心とする南西諸島だ。

主敵の第58任務部隊は空母の数は一七隻でマリアナ戦当時と同数でも、搭載機が約一四〇〇機多く、特攻への防御戦術も向上していた。これに九州と台湾から体当たりをめざし突入した零戦は約六〇〇機。フィリピン戦の二倍ちかい機数で、第一段階と同じ二一型と五二型、それに複座の戦闘用練習機（練戦と略す）一一型が用いられた。

違っていたのは爆弾だ。沖縄戦の二十五番は二一型と練戦、一部の五二型に取り付けられ、多くの五二型（丙型を含む）には五十番、つまり五〇〇キロ爆弾が用意された。

海軍のこのクラスの艦船攻撃用爆弾は二種あって、一つが年式を冠さない五十番通常爆弾二型。新しいもう一つの方が二式五十番通常爆弾一型だ。ややこしいが要目や数字をならべてみる。

まず五十番通二型（と略称）。二十五番通二型と似た紡錘形で、弾体は鋼製の一体構造。全重量五〇七キロのうち四割強の二三一キロが下瀬火薬だが、二型改一では九八式爆薬に変わり、炸裂力と取り扱いの安全度が増す。全長が二・二九メートルだから二十五番よりも五〇センチほど長く、最大直径は四五センチだ。高度五〇〇メートル以上からの投下で五〇ミリ鋼板を破壊、貫徹する。

後発の二式五十番通一型（同）の全重量は四九六キロだが、炸薬（九八式爆薬）が旧タイプの四分の一の五六・三キロ、全重量の一一パーセントしか入らない。全長二・〇メートル、直径三九・五センチといくらか小型だ。二十五番の二種の差と同様に、分厚な一体鍛造弾体の新タイプは炸裂力よりも貫徹力を重視。高度一二〇〇メートル以上から投弾し、落下速度一七〇メートル／秒に達して八〇ミリ鋼板を破壊、貫徹できた。大型艦の重装甲を破る五号爆弾（新分類法での名称）に分類されている。

五二型特攻機に実用されたのは、写真判定では前者の五十番通二型が多く、後者の二式五十番通一型と識別できる画像が見つからない。正規空母の撃沈ははなはだ困難と見て、飛行甲板の破壊による発着艦の阻止をねらったため、前者が選ばれたと考えるべきだろう。

軍令部あるいは航空本部が主導しての零戦への五十番爆弾の搭載決定は、フィリピン決戦の敗北後、まもなくだったようだ。

もう機動部隊がなく、母艦航空隊も二十年二月に消滅したから、空母からの爆装零戦の発艦は考慮しなくていい。滑走路からの離陸なら、相当の過荷重でも対応しうる。翼面荷重を抑えるための全幅が大きな二一型、二二型の、必要度が減少するし、超過荷重に耐えられそうな新機はどこにもない。

十九年末～二十年初めに製造されていた零戦は、三菱で限定的に造られ、中島で本格量産にかかっていた五二型丙型（以下五二丙型と略す）である。外板、武装と耐弾能力などの強化のため、五二型に比べて自重が二八〇キロ増加（三菱データ）した。兵装の重量増は、実口径一三・二ミリの三式十三粍《ミリ》固定機銃一型三梃や防弾鋼板が主体だ。

二十年早春の実施部隊が受領する零戦は、多くが五二丙型だった。この重装備機に五十番を装備できるのか。

実行されたのは、主翼の九九式二十粍二号固定機銃四型二梃の除去。これで七五キロを減

五十番通常爆弾二型改一を吊架した零戦五二型丙の特攻機が離陸へ向かう。
主翼前縁から出るのは13ミリ機銃で、内側の20ミリ機銃ははずしてある。

らせ、弾薬包二六〇発と保弾子《ほだんし》(弾丸をつなぐ結束具)の計六一キロが不要だから、合わせて一三六キロの軽量化である。容量三〇〇リットル満タンの増槽二三〇キロを加えて三六六キロ。それに、もし機首の十三粍機銃一梃と弾薬包二三〇発(保弾子も)の計五九キロも外すと、合わせて四二五キロに達する。五十番爆弾との差は七〇〜八〇キロだ。

もともと五二型は二一型に比べて、特に離着陸時の操縦難度が高い。練習航空隊で飛行学生、飛行練習生を二一型に乗せるのはそのためだ。両者間の差は、全弾携行で増槽を付けた五二丙型と、同条件下の二一型、二二型とではさらに大きいが、さりとて実施部隊でそこそこ飛んだ搭乗員の手に余るほどではない。五二丙型が主装備機に替わっても、若年者もちゃんと乗りこなした。

そうした増槽付き全装備の五二丙型よりも搭乗員一人分重い、五十番付き五二丙型を特攻攻撃に使おうと、貧して鈍した運用者側が決めるのは、むしろ当然だろう。もし激突できれば、二十五番のおよそ二〜三倍の破壊威力を期待し得たのだから。

南西諸島の会敵海域へ

比島決戦を二二一空の指揮のもとで戦った戦闘第三〇四飛行隊は、二十年一月十五日付で第三航空艦隊の二五二空指揮下に編入され、千葉県館山基地で戦力回復に入った。逐次に受領する多くは五二丙型だから、訓練にも、ボーイングB-29やF6F、F4Uの邀撃《ようげき》にも、他の型より重く扱いにくい零戦に搭乗する。つまり重装備零戦がふつう、の感覚が身についていった。

沿岸の館山は敵艦上機の来襲時に狙われやすいので、三月なかばに内陸部の茂原基地へ移動。来たるべき沖縄決戦・天一号作戦にそなえて、戦闘三〇四でも特攻隊員の募集がなされ、吉成金八一飛曹と小柳正一二飛曹は応募して選出された。

二人は十八年初めから晩秋までの飛練で操縦を身に付けた、十四期丙飛予科練の同期生で、階級の差は吉成一飛曹が早期に海兵団に入ったためだ。小柳二飛曹はフィリピン戦を経験し、吉成兵曹は硫黄島上空で戦って、その後はともに関東防空で経験をつんだ。キャリアからすれば両兵曹の技倆は戦争末期なら中堅で、零戦二一型がやっとの初級予備士官や新米下士官兵とはレベルが違う。飛行隊幹部にとっても苦しさをともなう彼らの特攻選出は、三航艦司令部から爆装を五十番と指定されたため、と思えなくもない。

三月三十日、戦闘三〇四は沖縄戦に参加のため、宮崎県富高《とみたか》基地に進出した。特攻隊の名称は第三御盾《みたて》隊第二五二部隊。特攻指名はここでなされた、と小柳さんは記憶する。あるいは補充員に選出されたのか。

二五二空・戦闘第三〇四飛行隊の下士官搭乗員。手前中央の吉成金八一飛曹とその右の小柳正一二飛曹は特攻隊員に指名された。20年1月、千葉県館山基地での撮影。

四月三日が第二五二部隊（戦闘三〇四、三一三、攻撃第三飛行隊で編成）の初出撃だった。朝、富高を離陸し、鹿児島県第一国分基地に降りて爆装する。このとき初めて巨弾・五十番を目にした。彼らの乗機が五二丙型なのは間違いない。

零戦四機で午後三時半すぎに発進開始。五十番は小柳兵曹にとって未体験でも、「増槽の代わりだ。二〇ミリ機銃も外してあるから」と考えてさほど重圧を感じず、フラップをいくらか開いて揚力を増し、重く感じる乗機の離陸に成功。広い滑走路は一三〇〇メートルと長く、揺

20年4～5月の沖縄近海で零戦五二型(丙型？)が、空母「エンタープライズ」への突入をはかって反転した。五十番通常爆弾二型改一を懸吊しており、続いて30度前後の降爆に入る。

れもないから、空母の飛行甲板よりも格段に好条件だ。

四機のうち二機は未帰還（奄美大島の南方で戦死と認定）。小柳兵曹ともう一機（零戦ではなく攻三の「彗星」？）は会敵しなかった。爆弾は切り離しが可能なので、彼は投棄ののち第一国分に帰投した。翌々日の五日には二五二空も、富高からここに司令部を移す。

四月六日、第二五二部隊の特攻零戦は五十番装備の五二丙型七機。二個小隊に分けて、小柳二飛曹が三機を率いる。列機二機は実施部隊キャリア最若の甲飛十二期出身なので、三日前の経験を含めて巨弾の重さと離陸について説明した。

このかいあってか三機は午後一時すぎに無事に浮き上がった。十三期飛行予備学生出の小隊長をはじめ経歴が比較的浅い、別小隊の四機もトラブルなく飛行に移った。

目標は奄美大島から沖縄東方にかけての海域の機動部隊。小柳兵曹の三機は、陸軍の百式司令部偵察機からの情報にあった、奄美東方二〇〇キロの空母をめざしたが、敵機に襲われて列機二機は戦死。落下傘で脱出の小柳兵曹は着水後、米駆潜艇に捕獲された。

十一日の正午すぎに第一国分を発《た》つ第二五二部隊の零戦九機のなかに、吉成一飛曹が入っていた。五機と四機の二個隊に分かれ、彼は後者の三番機だ。小柳兵曹が出るとき五十番の大きさと離陸を見ていたから、特に不安は抱かず、エンジンを噴かし気味に離陸する。四番機が滑走路を削って中破したのは、重量過多ゆえの失敗と思われる。

南下した三機は一時間半で奄美大島上空に到達。単機でコースを東寄りに振って、「空母がいなければ船に当たれ」の命令どおり、吉成兵曹はさらに南進ののち、奄美東方の喜界島《きかいじま》へ向け北東へ向かった。途中で、双発機二機を掩護するF6F六機編隊に遭遇し、五十番を捨てて離脱。ついでF4U一機の攻撃を切り抜けて、喜界島にすべりこんだ。

同じ戦闘三〇四の掩護を受けた十七日、再度の特攻出撃で発進したが、風防が閉じないため引き返している。特攻四機中、彼を含む三機の故障（二機は油圧の低下と増槽燃料の吸い上げ不能）は、機材の完成度の低さを感じさせる。

戦闘三〇四の特攻出撃状況は、零戦五二丙型の五十番装備でも、二〇ミリ機銃二梃を除去すれば、離陸と飛行をひどく妨げない実情をものがたる。もちろん空中性能の大幅低下は避けられないが。

テストと出撃と

零戦で実用機教程を学ぶ、茨城県の筑波航空隊。二月二十日付で選ばれた特攻要員は、十三期飛行予備学生出身の教官と訓練中の十四期特修学生（十四期予学の少尉任官者）の予備士官六四名。このとき十四期特学のおもな搭乗機は練戦だった。教官だった十三期にしても二一型までで、たいていの者には五二型の経験がなかった。特攻隊に指名されたのちは二一型が加えられたが、数少ない五二型は兵学校出の教官しか使えなかった。

筑波空の特攻隊は部隊名そのままの筑波隊と名付けられ、三月末に八四名に増加。二一型と練戦なら二十五番爆弾の装備が通例だが、三月末～四月初めに十三期の木名瀬信也《のぶや》中尉と西田高光中尉が、五十番装備での離陸および燃費テストを命じられた。ふたりは第九および第八筑波隊の隊長なのだ。

用意された五二型（五二丙型？）に、五〇〇キロ演習弾が付いていた。まさしく、予備士官と重い零戦の組み合わせで特攻攻撃させうるか、の〝実用実験〟に違いない。機動はひとと おりできてもF6Fと闘う自信なんかない、が木名瀬中尉の自己判定だから、被実験者に適合している。「高度八〇〇〇〔メートル〕で三〇分、飛んでこい」と命じられた。

単排気管からの炸裂音がうるさい五二型を、慣れた二一型なみのスロットル操作で離陸にかかり、フラフラ気味でやっと浮揚。五〇〇〇メートルを超えたあたりで、前方の注入口から潤滑油の流出が始まった。無理に一五分飛んで中断し、飛行場へ向けて降下したが、訓練機が見えたので横の水田に胴体着陸。演習弾がめりこみ、尾部上げ状態で停止した。

不時着の原因は滑油タンクのキャップ外れで、木名瀬中尉の責任はなし。西田中尉は無事にテストを終えられた。予備士官の操縦機に五十番を使用可能、の判定である。一ヵ月あまりのちの五月十一日、沖縄周辺海域に散華《さんげ》した西田中尉機は、五十番装備の五二型丙だった。

鹿屋で待機する七二一空・戦闘三〇六爆戦隊員。手前左が1番機・新保七郎中尉、3番機・川崎一精少尉、後ろは左が2番機・柳井和臣少尉、4番機・後藤尚平少尉。

神風特攻・筑波隊の鹿屋基地への進出は四月五日に始まった。第一〜第六（のち鹿屋で改編され番号が変わる）筑波隊は零戦二一型、第七は隊長だけ二一型で隊員は練戦。ここで機材が払底し、第八〜第十三（同）筑波隊の四八名は零式輸送機に分乗して、宮崎県の富高基地へ向かう。二一型、練戦での出撃は二十五番爆弾を搭載する。

第十筑波隊の柳井和臣《よしおみ》少尉が二十六日に富高に着くと、五二型が用意してあった。座学と飛行作業で二一型との性能差を覚えこみ、突入の三〇度降下訓練も複数回やらせてくれた。

五月上旬に鹿屋へ出るとき、新造の五二型（丙型？）を固有機として受領。「五十番を付けて上がれるから」と聞かされた。鹿屋で七二一空・戦闘三〇六飛行隊に組み入れられ、再編後の第五筑波隊に加わって十一日に出撃する予定が、B－29の空襲で破損機が出たため、柳井機は他者へわたされた。このときの五十番装備に、木名瀬、西田両中尉のテスト結果が影響していた可能性はもちろんあるだろう。

新機をもらった柳井少尉の、再出撃は三日後の十四日。予定をやや早めた午前六時に、第六筑波隊一四機の五二型（丙型だろう）が発進する。彼は五十番の重さに不安を抱かなかったが、不調の一機が爆装のままで第二国分に降り爆発して消えた。

北寄りの索敵線を飛んだ柳井機は、会敵にいたらず帰還の途につく。索敵特攻なので燃料は片道分ではなかった。「敵ヲ見ズ」を鹿屋へ打電ののち、自分の意志で爆弾を投棄する。負荷がはずれた瞬間、零戦はブワッと浮き上がり、尻にその感覚が伝わった。すぐに垂直旋回（九〇度近く傾けての水平旋回）をうった少尉は、海面に爆発の水柱を見た。

もはや普遍の搭載弾に

七二一空はロケット特攻機「桜花」を使う唯一の実戦部隊だが、ほかに五十番を付けた零戦五二丙型も装備する。「桜花」に対して零戦はふたたび「爆戦」の名で呼ばれ、この直属特攻隊を建武隊と称した。

直属の建武隊とは異なり、七二一空の指揮下に入った戦闘三〇六の、士官搭乗員のなかに予学十三期の田中正男少尉がいた。筑波空で練戦と二一型での実用機教程を終え、五月上旬に同期四名とともに転勤してきた。

組み入れられる筑波隊とは違って、戦闘三〇六自体の特攻隊（爆戦隊と呼ばれた）に加わるのが田中少尉らの役割だ。間を置かず零戦を与えられ、高度一五〇〇メートルから地上に敷かれた丁形布板をめがけての突入訓練が始まった。

別府湾を8の字航行する輸送空母「海鷹」への突進も実施した。浅い降下角で接敵を開始、機速がつくと狙いどおり角度が深まる。

彼らの零戦は、主翼に二〇ミリ機銃二梃、機首に一三・二ミリと七・七ミリを一梃ずつの五二乙型。機内は機械油でベトついて、七二一空・建武隊が持つ五二丙型をうらやましく感じた。筑波空でも特攻に応じ納得していた田中少尉には、体当たり戦死への迷いは少なかった。

筑波隊のほか、谷田部空からの昭和隊、元山《げんざん》空からの七生《しちしょう》隊の残存隊員も、戦闘三〇六に編入された。零戦二一型、練戦、あるいは乗機なしの特攻隊員に逐次、五二丙型が与えられたのに、田中中尉（六月一日付進級）らは五二乙型のまま。この機に二十五番を付けての離陸訓練はなく、「出るときは本番」と覚悟していた。

七月二日、前日に鹿屋から富高に来隊した司令・岡本基春大佐が、「桜花」と爆戦の隊員

６月下旬に富高基地で写した、本来の戦闘三〇六の搭乗員。「戦闘指揮所」の看板のすぐ左下が分隊長・栢木（かやき）一男大尉、左上の三種軍装が五十番零戦に乗った田中正男中尉。

に、作戦時の展開方法を説明。十五日は沖縄からの第11爆撃航空群のコンソリデイテッドB－24に襲われ、初めて空襲のすさまじさを味わった。本土決戦の感覚は日ごとに強まっていく。

未明～黎明の出撃訓練から帰った田中中尉に、試飛行の任務が伝えられた。五十番爆弾装備の零戦による離着陸飛行テストである。飛行場エプロンの指定場所に、爆弾を付けた機が待っていた。岩田さん（田中から改姓）が「ふつうの五二型」と記憶するところから、五二型または五二甲型だったようだ。

灰色の爆弾がすでに付いていた。以前に見た細長い円筒形の二十五番ではなく、ずんぐり膨《ふく》らんだ形だ。兵器員は「信管は外してあります」と告げる。弾頭と弾底の発火装置も除去されたと思われるが、実弾には違いない。

滑走距離をかせげるよう飛行場端まで走行するあいだに、異例の重さを操縦桿に感じる。増槽付きの離陸も未経験のままなのだ。滑走開始は午前六時。日南海岸へ向けてプラスのブースト圧で離陸し、主脚が海岸の松林をこすってゆるく上昇にかかる。

いつもより沖に出て、慎重に浅いバンク角で誘導コースの第一旋回。エンジンを傷めずにパワーを維持するため、周回飛行のあいだずっとゼロ・ブーストを続行。第四旋回が終わると、搭乗前から気がかりだった着陸だ。エンジンを噴かしながらの降下でも、沈みが大きい。接地。主脚は折れない。重さと草地で、行《ゆ》き脚《あし》が早めに止まった。

胴体下に用意された爆弾運搬車に五十番を落とすと、反動で零戦が跳《は》ね上がった。無事に任務を終え、深い息を吐いた田中中尉。九三式中間練習機に乗り出して以降、彼の腕前は同期の〝中の上〟はあった。七〇〇メートルの滑走路で五十番装備の離着陸をこなしたから、予備士官の中尉、少尉を特攻に使うメドが立ったのだ。乗機がいくらか爆装向きの六二型〝六三型に変わったところで、大差はない。

朝食がすんで、士官室でこの飛行の研究会が催された。それに続いて中小型機の空襲を受けて、二人目の五十番テスト飛行はなされなかった。敵九州上陸に対する、戦闘三〇六爆戦隊の装備が確定したと見ていいだろう。

すでに記したように、日本の主力戦闘機と称していい零戦と、爆弾の関係の過半は特攻攻撃である。爆戦あるいは戦爆と呼ばれようと、それは米英が「ファイターボマー」、ドイツ軍が「ヤーボ」と呼ぶ戦闘爆撃機とはまったく異質の兵器、用法だった。

強襲攻撃、拠点爆撃の観点から見れば、脆弱《ぜいじゃく》で余力が少ない日本戦闘機はたいてい失格で、もちろん零戦もその代表格だ。飛行性能、火力、可動率など、戦闘機の良否を決める観点はいくつもあるが、多様適合性に含まれる戦闘爆撃機的要素から評点をつけるなら、残念ながら二流半の機材に成り下がりかねない。

あとがき

第二次世界大戦が終わって、二〇一九年（平成三十一年／令和元年）の現時点で七四年がすぎた。おおざっぱに言えば、国民の大多数を占める八十歳未満の人は、実際の戦争のわずかな断片でさえ知らない（あるいは覚えていない）時代が訪れたのだ。

私が個人の立場で、敗戦以前の軍航空に関する取材を始めたのは、四〇年あまり前である。当時は敵弾の矢面《やおもて》に立った方々が、いまの私より一〇歳若いぐらいの年齢で、サラリーマンなら仕上げの時期にあたっていた。したがって記憶は鮮明、正確。逆に、仕事や立場に支障をもたらすインタビュー依頼ではなかろうかと、警戒躊躇《ちゆうちよ》されるケースも少なくなかった。

部隊の上官、同僚、部下、あるいは設計主務者、技術者がおおぜい健在で、疑問点や不明な箇所の相当数は、さほどの苦労なく解明することができた。半面で、発表した記事が少なからぬ関係者の目にさらされるから、どこに出しても動じないでいられる内容、モラル的に予想外の迷惑を及ぼさない記述に、仕上げる必要があった。

この姿勢はもちろんその後も変えなかった。しかし周囲の状況は大きく変化した。証言者がほぼいなくなって、信頼にたる補完の術《すべ》を見出しがたい。記事を批判、指弾される恐れもほとんどなくなった。たいていの部分の確認が不可能になったかわりに、なにを書いてもパスしてしまうという時勢なのだ。

文献だけでまとめる史実の危うさ、臨場感の乏しさを、いくたびか自身の筆で味わったから、文字量でせめて全体の二割、叶うことなら三分の一以上の直接的証言、オリジナルの回想を盛りこもうと努めてきた。そのことが、書きたい興味、書こうとする意欲を維持させていた。ところが一〇年あまり前から、それら精神面の活気が、取材源の枯渇化を受けて、停滞から衰退へと向かって復帰が難しい。

世間的には、私は定年退職はおろか、再顧用も終了している。かつて雑文に「報われなくとも軍航空史の筆者として、あと二〇年を生きていく心の整理が［一九九〇年に］できた」としたためた予感は、すでに果たし終え、記述し忘れたことがらを取りまとめる作業が残るだけだ。

とは言いながら本書の各篇はいずれも、実戦経験を有する生存者が健全な時期に進めた、納得のいく直接取材を基盤とし、精度と事象を充分に再吟味してある。そのうえで、視覚的な理解を助ける写真の掲載にも予想を超える配慮がなされたため、著者として満足な仕上がりを得られた。

私事にかまけた前置きはさておき、タイトルごとに蛇足的余話を綴《つづ》ってみよう。

〔複葉艦爆と大陸の空〕

初出＝『航空ファン』一九九九年九月号～二〇〇〇年六月号（文林堂）

「風切る風防、うなる翼《よく》。弾幕ついて突進する急降下爆撃機。必中の期待をになう爆弾を敵艦へ放つ、刺し違え覚悟のすさまじさ。空母決戦の先制兵器たるべく鍛えられていく艦爆を、育て、支え、飛ばした人々の物語」

冒頭にこんな呼びこみ文句を掲げ、わが海軍の艦上爆撃機の萌芽から終焉《しゅうえん》までの歴史を書き上げようと、タイトルも「日本艦爆戦記」と勇ましくスタートさせた。そのうちの「複葉艦爆篇」がこれである。

長い通史を月刊誌の連載で書き綴るのには、ありがたさと苦しさの両面がつきまとう。前者は、毎月の締切で尻を叩かれるから、私のような筆の遅い人間でも進捗《しんちょく》していく点。後者は、小説と違って毎月ヤマ場を設けるのがきわめて難しく、写真もそろわないときがあり、質の均一を保ちにくい点だ。読者の関心を何年も引きつけ続けるのは至難の業《わざ》で、編集部に迷惑なのでは、と気分が落ちこみかねない。

続いて「九九艦爆篇」「『彗星』篇」「特攻篇」と進めていくはずが、「複葉艦爆篇」を終えて一服したら、持続力が薄らいでしまった。

いま、連載開始から二〇年。九四艦爆、九六艦爆での戦闘体験談を語れる方は、もう皆無ではなかろうか。空母決戦の華々しさはないけれども、黎明期《れいめい》の実情のうちにも多くの教訓、エピソードがちりばめられている。この短篇集を作るにあたり、九回分の連載（途中一回休載）をまとめてリファインし、再録するのは、意義ある作業と考えた次第。

〔不均衡なる彼我《ひが》〕

初出＝『航空ファン』二〇〇八年二月号、三月号（同）

本来なら「日本艦爆戦記」のなかで、「九九艦爆篇」の一部を構成するはずだった部分の記事だ。

インド洋機動作戦とミッドウェー海戦の日本側空母の状況は、細部はともかく、全体的には意外なほど正反対だから、点対称と言ってよく、その中心点が痛み分けの珊瑚《さんご》海《かい》海戦だと合点していた。昭和十七年四月上旬から六月上旬までの三ヵ月間は、太平洋戦史に「イフ」を持ちこみたくなる最たる部分の一つだろう。

「艦爆戦記」当時の取材ノートに、三〜四名分の新たなインタビューを加えて書き上げ、この自己流の判断にあらためて確信を得た。

〔艦爆隊指揮官は語る〕

初出＝『航空ファン』二〇〇九年五月号（同）

本稿も「艦爆戦記」のための取材に基づく。

一九九九年の四月に有馬敬一さん、九月に阿部善次さんと会って、艦爆搭乗当時の戦いぶりや不明点をたずねた。分隊士から分隊長、さらに飛行隊長へと幹部の道を歩まれただけに、指揮・統率の要諦《ようてい》を聞け、思わぬ教示を受けられた。だがそれよりも、あまり記述されていない飛行感覚や心境を主体に、艦爆乗り、指揮官のなんたるかまでを、面談時の会話のままに書き綴ってみた。

阿部さんは戦後のあるときから、本名の「善次」をやめ、「善朗《ぜんろう》」を使っていた。三男なのになぜ「次」が付いたのか理由が分からず、人生の節目に改名（戸籍はそのまま）したそうだ。本稿では、海軍公式記録に合わせ、旧名を用いたけれども。

〔敵艦隊への最後の攻撃〕

初出＝『世界の傑作機・海軍艦上爆撃機「彗星」』一九九八年三月刊（同）

「彗星」といえば、液冷エンジン装備のスマートな姿を思い浮かべる人が多いだろう。しかし生産機数の四割近くが、空冷エンジンに換装し〝容姿〟が一変した三三型と四三型で、整備保守の容易化が隊員を喜ばせた。飛行性能もさして遜色なく、「『彗星』は三三型が最良」

と推《お》す搭乗員は少なくない。

戦争末期に最強力の艦爆部隊として存在した攻撃第一飛行隊が、制空権も制海権も失った敗戦直前の時期に、米艦隊への白昼強襲攻撃に向かう情景は、海軍航空の掉尾《ちょうび》を飾るものだった。「彗星」もって瞑すべし。

ところで、本文中に登場の鏑流馬一二兵曹。騎射すなわち馬上弓術のやぶさめは、「流鏑馬」の漢字をあてるのが普通だ。字の順番が違ったのを「先祖があわて者だったんでしょうか」と笑っていた。

〔夜襲隊、沖縄へ飛ぶ〕

初出＝右に同じ

一九七九年に刊行した単行本第一作のなかで、初めて芙蓉《ふよう》部隊にふれたとき、このユニークな組織の知名度は、飛行機ファンにとってすらほとんどゼロに近かった。

その後、芙蓉部隊だけの本を書いて、そのためばかりではなかろうが、じわじわと名が広まり、いまでは「特攻拒否の反骨指揮官が率いた沖縄夜襲貫徹部隊」的なイメージが定着した。細かな異議はあるが、こういう戦史に陽《ひ》が当たるのはいい傾向だと思う。危険な夜間降爆に挑んだ搭乗員、腺病質な「彗星」の高可動率を維持した整備員が、織りなす敢闘の様相はほかに類を見ない。

その本（NF文庫で『彗星夜襲隊』が刊行中）に書き漏らしたいくつかのエピソードの一つを、まとめたのがこの記事だ。最多出撃者の一人、右川舟平兵曹という個人から見た芙蓉部隊と沖縄戦は、やはり書き留めるべき価値を有している。

〔ガンシップ「銀河」の一撃〕
初出＝『航空ファン』二〇〇三年九月号（同）

マリアナ諸島のB‐29基地攻撃に使うはずだった「銀河」多銃装備機の存在はよく知られているが、実戦には用いられなかった。台湾の部隊で似た発想があって改造がなされ、一度だけフィリピンの基地攻撃で火箭《かせん》を放ったと耳にして、関係者を訪ね、あるいは電話をかけて、思い出をノートに取らせてもらった。

そのとき、ちょっと奇妙な思い出を聞かされた。

この攻撃の指揮官、飛行隊長の安藤信雄少佐の乗機は燃料タンクに被弾し、ルソン島北部のツゲガラオに不時着陸。燃料補給後、離陸をひかえた「銀河」に「海軍の三種軍装に艦内帽をかぶった人物が手ぶらでやってきて、偵察席がある機首の中に挨拶《あいさつ》もなく乗りこんだ」と、偵察員を務めた元中尉の田辺勤さんは語ってくれた。

安藤機は無事に離陸し、台湾へ向かった。飛行中、その人物は偵察席の前で腹ばいのまま、終始無言。夜間航法に懸命の田辺中尉も話しかける余裕はなかった。台湾に降りたあと、不思議な臨時同乗者の姿は見かけなかった。「これが誰だか分かったら教えて下さいよ」と田辺さんは私に依頼した。

四ヵ月後、安藤さんと面談したおり、同乗者の件を尋ねたら「便乗させた覚えはありません。燃料はぎりぎりだし、危険な飛行。新聞記者にも乗せてくれと頼まれたが断わりました」との返事だった。機長で佐官の安藤飛行隊長に無断で乗りこむ行動は、たとえ将官であっても考えにくい。

田辺中尉が確かに視認し、機首の狭い空間にいっしょにいた謎の人物は、結局探し出せなかった。ちょっとミステリーじみた話なので、記事には含まないことにした。

〔それぞれの「東海」〕

初出＝『航空ファン』二〇〇六年六月号（同

着手ののち長らく休止し、取材を再開して記事になるまで一六年。グズつく場合がしばしばの私の記述作業のなかでも、「起」と「結」のインターバルがこれほど長いのは珍しい。

さらに言えば、飛行機雑誌の編集記者だった一九七五～七六年の取材のうちの、初めて陽《ひ》の目を見た部分が加わったから、なんと三〇年がかりと言えなくもない。

設計技術者、領収者、指揮官、出撃搭乗員、兵器整備士官の、それぞれ異なった立場から、いっぷう変わった「東海」なる飛行機にどう対処し、どう戦い、なにを感じたかが眼目だ。

れないだろう。

零戦や「隼《はやぶさ》」と違って、この機を軸にした史話の二作目を手がける機会は、今後もまず得られないだろう。

〔零戦と五十番爆弾〕

初出＝「航空ファン」二〇一八年十一月号（同）

海軍戦闘機中で零戦だけは、爆撃機に準じるだけの爆弾を付けて離陸した。海軍特攻の主力機材として、フィリピン、沖縄の周辺海域に跋扈《ばっこ》する連合軍の艦船に、体当たり攻撃をかけるためだ。突入時の降下角が、四五度に満たない場合が多かったと思われるけれども、これらの必死攻撃を爆撃に位置付け、心して特攻戦死者の冥福を祈りたい。

やがて五〇〇キロにいたる零戦の装備爆弾は、まず対地攻撃の六〇キロから始まり、ついで対艦用の二五〇キロへと大型化する。海軍航空の主任務からすれば、この目標の変化はむしろ当然だが、戦法が非尋常な方向へずれていった。

零戦が爆装戦闘機から戦闘爆撃機へ、そして特攻機へと移る流れを、使用者の回想を交えて、爆弾の変化とともに具体的に示した記事を、読んだ記憶がない。それならばと、著者の推測も織りこんで書き上げてみた。

これらの中篇、短篇を、編集の藤井利郎さんと小野塚康弘さんには、速やかに受け容れていただいた。艦爆の存在意義、読者への提示の価値を認めてもらえた喜びは、この機種のファンでもある著者にはひとときわなのである。

二〇一九年四月

渡辺洋二

NF文庫

急降下！

二〇一九年六月二十一日 第一刷発行

著者 渡辺洋二

発行者 皆川豪志

発行所 株式会社 潮書房光人新社

〒100-8077 東京都千代田区大手町一-七-二

電話／〇三-六二八一-九八九一(代)

印刷・製本 凸版印刷株式会社

定価はカバーに表示してあります

乱丁・落丁のものはお取りかえ致します。本文は中性紙を使用

ISBN978-4-7698-3121-1 C0195

http://www.kojinsha.co.jp

NF文庫

刊行のことば

第二次世界大戦の戦火が熄《や》んで五〇年——その間、小社は夥しい数の戦争の記録を渉猟し、発掘し、常に公正なる立場を貫いて書誌とし、大方の絶讃を博して今日に及ぶが、その源は、散華された世代への熱き思い入れであり、同時に、その記録を誌して平和の礎とし、後世に伝えんとするにある。

小社の出版物は、戦記、伝記、文学、エッセイ、写真集、その他、すでに一、〇〇〇点を越え、加えて戦後五〇年になんなんとするを契機として、「光人社NF（ノンフィクション）文庫」を創刊して、読者諸賢の熱烈要望におこたえする次第である。人生のバイブルとして、心弱きときの活性の糧《かて》として、散華の世代からの感動の肉声に、あなたもぜひ、耳を傾けて下さい。